电磁辐射环境保护
知识问答

浙江省辐射环境监测站　编

中国环境出版集团·北京

图书在版编目（CIP）数据

电磁辐射环境保护知识问答/浙江省辐射环境监测站
编. —北京：中国环境出版集团，2019.9
ISBN 978-7-5111-4103-3

Ⅰ．①电…　Ⅱ．①浙…　Ⅲ．①电磁辐射—环境保
护—问题解答　Ⅳ．①X591-44

中国版本图书馆 CIP 数据核字（2019）第 212853 号

出 版 人	武德凯
责任编辑	殷玉婷
责任校对	任　丽
封面设计	彭　杉

出版发行　中国环境出版集团
　　　　　（100062　北京市东城区广渠门内大街 16 号）
　　　　　网　　　址：http://www.cesp.com.cn
　　　　　电子邮箱：bjgl@cesp.com.cn
　　　　　联系电话：010-67112765（编辑管理部）
　　　　　发行热线：010-67125803，010-67113405（传真）
印　　刷　北京市联华印刷厂
经　　销　各地新华书店
版　　次　2019 年 9 月第 1 版
印　　次　2019 年 9 月第 1 次印刷
开　　本　787×960　1/16
印　　张　10.25
字　　数　160 千字
定　　价　39.00 元

前　言

　　习近平总书记强调：依法治国、依法执政、依法行政共同推进。我国电磁辐射环境保护起步于 1988 年，开展电磁辐射环境监管工作至今已有 31 年，为促进电磁辐射技术应用事业可持续发展，全过程规范电磁辐射环境监督管理，按照生态环境部部长李干杰"对电磁辐射环境管理领域目前存在的突出问题做一系统梳理，研究提出针对性解决办法"的批示要求，辐射源安全监管司和法规与标准司组织并指导编制了《电磁辐射环境保护知识问答》，本书分为技术篇和法律篇，内容包括了电磁辐射基本概念、环境影响、环境监测、环境评价、建设项目审批及备案、建设项目"三同时"及后评价（事中事后监管）、行政处罚、行政强制、政府信息公开、投诉信访、行政复议、行政诉讼等。本书可作为从事电磁辐射环境保护工作人员的工具书。各级生态环境保护部门亦可将本书作为电磁辐射环境管理、监测和评价等工作人员的学习资料。

　　本书的完成得到了生态环境部（国家核安全局）的大力支持，以及各省（自治区、直辖市）生态环境系统、有关单位和同志的积极支持和帮助，在此深表感谢。

　　由于电磁辐射环境保护工作涉及面广，内容较多，加之编者学识有限，历时三年完成的《电磁辐射环境保护知识问答》定有不足之处，敬请各位读者多提宝贵意见。

编　者

2019 年 9 月

目 录

第一部分

技术篇

一、电磁环境基本概念

1. 什么是电磁场？

电磁场是有内存联系、相互依存的电场和磁场的总称，变化的电场和磁场相互激发，形成相互依存、不可分割的电场和磁场的统一体。随时间变化的电场产生磁场，随时间变化的磁场产生电场，两者互为因果。电磁场是电磁作用的媒介物，具有能量和动量，是物质存在的一种形式。

电磁场的性质、特征及运动变化规律由麦克斯韦方程组确定，麦克斯韦方程组给出确定介质或真空中电磁场的 4 个矢量与电流密度体电荷密度的关系。麦克斯韦方程组有积分形式、微分形式两种表达式。

积分形式表达式为

$$\begin{cases} \oiint_S D \cdot \mathrm{d}S = q_0 \\ \oiint_S B \cdot \mathrm{d}S = 0 \\ \oint_L E \cdot \mathrm{d}l = -\iint_S \dfrac{\partial B}{\partial t} \cdot \mathrm{d}S \\ \oint_L H \cdot \mathrm{d}l = I_0 + \iint_S \dfrac{\partial B}{\partial t} \cdot \mathrm{d}S \end{cases}$$

微分形式表达式为

$$\begin{cases} \nabla \cdot D = \rho_0 \\ \nabla \times E = -\dfrac{\partial B}{\partial t} \\ \nabla \cdot B = 0 \\ \nabla \times H = j_0 + \dfrac{\partial D}{\partial t} \end{cases}$$

电磁场随时间变化情况可分为恒定电磁场和时变电磁场。

2．什么是电磁波？

电磁波（又称电磁辐射）是由同相振荡且互相容纳的电场与磁场在空间中以波的形式移动，其传播方向垂直于电场与磁场构成的平面，有效的传递能量和动量。电磁波是电磁场的一种运动形态，变化的电磁场在空间传播形成电磁波。电磁波为横波，电磁波的电场、磁场及行进方向二者相互垂直。

3．什么是电磁辐射？

电磁辐射是指：

（1）能量以电磁波形式由源发射到空间的现象；

（2）能量以电磁波形式在空间传播。

4．什么是功率密度？

功率密度代表电磁场中能量流密度，即在单位时间内穿过垂直于传播方向的单位面积的能量，其单位为瓦特/平方米（W/m^2）。

5．什么是磁场强度？

磁场强度是指矢量场量 H，在给定点等于磁通密度 B 除以磁常数 μ_0，并减去磁化强度 M，即 $H = \dfrac{B}{\mu_0} - M$。H 在国际单位制中单位为安培/米（A/m）。

磁场强度是反映电流在空间某点产生的力。磁场强度虽然在电磁兼容领域中经常使用，但它并非在国际单位制中具有专门名称的导出单位。实际工作中，经常使用的导出单位是磁通密度（磁感应强度）。

6．什么是磁感应强度？

磁感应强度又称磁通量密度或磁通密度，主要是描述磁场强弱和方向的基本物理量。矢量场量 B，其作用在具有速度 v 的带电粒子上的力 F 等于矢量积 $v×B$ 与粒子电荷 Q 的乘积，即 $F=Q×v×B$。在国际单位制中，其单位为特斯拉（T）。

7．什么是电场强度？

电场强度是指矢量场量 E，其作用在静止的带电粒子上的力 F 等于 E 与粒子电荷 q 的乘积，即 $F=qE$。在国际单位制中，其单位为伏特/米（V/m），也可用牛顿/库仑（N/C）。

8．什么是近区场和远区场？

电磁辐射源产生的时变电磁场能量可粗略地分为性质不同的两个部分：其中一部分能量仅在辐射源周围空间及辐射源之间周期性来回流动，由于接近辐射源区，称为近区场，又称感应场；另一部分的能量脱离辐射源，以电磁波的形式向外发射，称为远区场，又称辐射场。

在电磁环境监测和评价工作中，往往需要确定近区场的空间范围（简称近区或近场区）和远区场的空间范围（简称远区或远场区）。通常，在天线尺寸（D）不大于波长（λ）时，与天线中心点的直线距离大于 3 倍波长（λ）的范围可以认为处于远场区；在天线尺寸（D）大于波长（λ）时，与天线中心点直线距离大于 $2D^2/\lambda$ 的范围可认为处于远场区。

9．什么是电磁环境？

按照国家标准《电磁兼容术语》，"电磁环境"的定义：存在于给定场所的所有电磁现象的总和。在电磁兼容领域，电磁环境包含系统、设备间电磁骚扰。

国家标准《电磁环境控制限值》对"电磁环境"的定义与前述一致，但在生态环境保护角度，一般不关注系统、设备间电磁骚扰，只关注人体通过吸收电磁能量、产生感应电流或电荷引起的与健康和感受相关的问题。

10. 什么是电磁源？

电磁源是可产生电磁干扰的污染源；根据电磁波生成的原因，可以将电磁源分为天然源和人工源。天然源是由自然现象引起的电磁源，地球上的电磁辐射形成的天然途径主要是雷电及地球表面的热辐射，此外还有火山爆发、地震等自然现象；外层空间产生的电磁辐射主要是太阳及其他星球产生的，例如太阳黑子活动引起的磁暴、银河系的射电星系等；人工源主要由脉冲放电、工频交变电磁场和射频电磁辐射所组成。

11. 电磁源分类有哪些？

按照 1997 年国家环境保护局组织的"全国电磁辐射环境污染源调查"，建设项目电磁环境污染源分为广播电视系统发射设备；通信、雷达及导航等无线电发射设备；工业、科学、医疗射频设备；交通系统电磁辐射设备；高压电力系统设备五大类。

12. 声音广播、电视广播发射台包括哪些？

声音广播、电视广播发射台包括中波广播、短波广播、调频声音广播、电视广播。

中波广播（526.5～1606.5 kHz）的服务半径不超过数百千米，依靠地波传播，其大多采用底部馈电的直立铁塔天线。短波广播（3～30 MHz）的服务距离可大于 1 000 km，依靠天波传播。较多采用菱形天线，通信距离越远仰角越小，发射功率可高达数百千瓦。我国调频声音广播的频段是 87～108 MHz；电视广播频段是 49.75～72.25 MHz、77.25～91.75 MHz、471.25～565.75 MHz 以及 607.25～957.75 MHz。

13. 中波广播的频率范围是多少？

中波广播的频率范围为 526.5～1606.5 kHz，频道间隔为 9 kHz。标称载频为 531～1602 kHz，共有 120 个频道。

中波以地波传播为主，其高端频段也可利用天波传播。所谓地波传播即为天线辐射的电磁波能量沿着地球表面传播，由于其频率较低，传播衰减较慢，信号场强可覆盖数十千米至百余千米的服务区。天波传播是由于夜间地面对中波具有强烈吸收作用的电离层 D 层消失后，中波天线以其高仰角辐射的部分电波将被电离层 E 层反射回地面，可利用此机理，实现几百千米的中波传播。

14. 短波广播的频率范围是多少？

其频率范围为 3～30 MHz。短波传播主要以天波为主，天线辐射的波束具有一定的仰角射向电离层，经由其反射回地面可实现远距离无线电广播。短波天线主要形式有水平架设的偶极天线、同相水平天线、角型天线和菱形天线等。

15. 调频广播与电视广播的频率范围是多少？

我国广播电视标准规定：调频广播的频率范围为 87～108 MHz，电视广播在甚高频（VHF）频段为 48.5～223 MHz，划分为 1～12 频道；在超高频（UHF）频段为 470～958 MHz，划分为 13～68 频道。

我国通常将调频、电视广播发射设备同置于一个发射塔上，其发射天线分装于发射塔桅杆的不同高度。辐射的电磁波按空间波模式传播，由于受到城市中各种建筑物的阻挡、反射或屏蔽作用，容易影响用户接收无线电视信号，目前发展的有线电视网络能较好地解决此问题。

16. 什么是雷达？

雷达是一种利用电磁波探测目标的电子设备，通过发射电磁波对目标进行照射并接受其回波，由此获得目标至电磁波发射点的距离、距离变化率（径向速度）、方位、高度等信息。雷达种类很多，其具体用途和结构不尽相同，但基本形式是一致的，包括发射机、发射天线、接收机、接收天线以及显示器 5 个基本组件，以及电源设备、数据录取设备、抗干扰设备等辅助设备。其工作原理是，发射机通过天线将电磁波能量射向空间某一方向，处在此方向上的物体反射碰到电磁波，雷达天线接收此反射波，送至接收设备进行处理，提取有关该物体的空间位置和运动参量等信息。

17. 什么是比吸收率、比吸收能？

比吸收率（Specific Absorption Rate，SAR）是指生物体（包括人体）单位时间（dt），单位质量（dw 或 ρdv）吸收的电磁波功率（dw）。

计算公式为：

$$SAR = \frac{d}{dt}\left(\frac{dw}{dm}\right) = \frac{d}{dt}\left(\frac{dw}{\rho dv}\right) = \frac{\sigma E^2}{\rho}$$

式中，ρ 为机体组织的密度，E 为电场强度有效值，σ 为机体组织的导电率。

比吸收率一般应用在无线通信终端的电磁辐射，各国政府部门、电信法规机构等都针对无线通信终端（如手机）比吸收率规定了限值要求。

我国的标准《手持和身体佩戴使用的无线通信设备对人体的电磁照射 人体模型、仪器和规程 第 1 部分：靠近耳边使用的手持式无线通信设备的 SAR 评估规程（频率范围 300 MHz～3 GHz)》（YD/T 1644.2—2011）对测量系统中的人体模型、测量仪器、探针、人体组织液、机械臂以及测量计算方法作了明确的描述和规定。限值要求：进网测试要求 SAR 限值取 10 g 平均值，限值为 2.0 W/kg。

其他地区及组织的限值如表 1-1 所示。

表 1-1　其他地区及组织的 SAR 限值

地区或组织	标准	SAR 限值
国际非电离性辐射保护委员会（ICNIRP）	ICNIRP Guidelines	2.0 W/kg
欧盟	EN50360 & EN50361	2.0 W/kg
美国 FCC	FCC OET Bulletin 65 Supplement C	1.6 W/kg

比吸收能（SA）指生物体单位质量吸收的电磁波能量，SA 越低表明生物体吸收的电磁波能量越少。

18.　检波及工作方式是什么？

广义的检波是调制的逆过程，即从已调信号中提取调制信号的过程。狭义的检波是指从调幅波的包络提取调制信号的过程。主要的检波方式包括峰值检波、准峰值检波、方均根值检波和平均值检波等。

19.　接地及接地方式的分类有哪些？

接地是指系统的某些部分与大地连接，利用大地作为故障电流或部分工作电流的路径，使电流从一个接地点流入大地而从另外接地点返回系统。按用途可分为：功能性接地、保护接地、雷电保护或过电压保护接地、防静电接地等。

20.　电阻率的概念是什么？

电阻率是用来表示各种物质电阻特性的物理量。大地电阻率是计算外界电磁影响的一个重要参数，通常应用四极法测量大地电阻率。

21.　电磁频谱概念和来源是什么？

电磁频谱包括产生于自然界和人为电磁源的电磁场。自然界产生的电磁场有地球自身产生的大地电场、大地磁场、雷电电磁场以及来自太阳和其他星球的电磁场。而人为电磁源电磁场则由于人类对电磁现象的深入认识和积极利用亦达到了前所未有的高度和广度，不同的人造电磁系统应用着不同的频段，如我国广播电视发射频段为 48.5～960 MHz、中波广播频段 531～1 602 kHz、短波广播与通信频段为 3～30 MHz、移动通信频段可由数百兆赫兹至千兆赫兹、卫星通信频段高达数十千兆赫兹，而交流输变电传输频率仅为 50Hz，直流输电则低至零频率。

当前对电磁频谱的分析和其应用领域可以由图 1-1 表示。图中频率和波长的对应关系可由下列公式确定：

$$f \times \lambda = c$$

式中：f——频率，Hz；

λ——波长，m；

c——光速（$c = 3 \times 10^8$ m/s）。

电磁波依据频率一般分为无线电波、微波、红外光、可见光、紫外光、X 射线和 γ 射线等几种形式。依据各个波段具有的能量特征，可得知在非常低温度下（接近绝对零度时），物质内的原子仅能辐射出无线电波和微波；当在摄氏零度左右（水的冰点）则原子可辐射红外光；在表面温度 5 000～6 000℃的物质（如太阳表面），才会有可见光的辐射；在温度百万度的物体表面，就会有 X 射线；到了表面温度达百亿度的物体表面，也会有 γ 射线呈现。各波段的电磁波有各自的特征和用途。

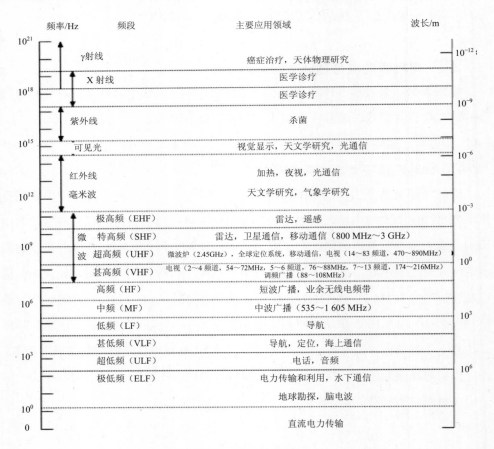

图 1-1　电磁频谱图

22．什么是电磁兼容？

电磁兼容（Electromagnetic Compatibility，EMC）是指在共同的电磁环境中，任何设备、分系统、系统都应该不受干扰并且不应干扰其他设备。

目前，电磁兼容一般应用在确保各种电气或电子设备在电磁环境复杂的共同空间中，以规定的安全系数满足设计要求的正常工作能力。

在生态环境领域，研究电磁辐射的分支学科称为环境电磁学，其主要研究电磁辐射的机理，电磁辐射的物理、化学和生物效应，电磁辐射的防护、评价和标准等。

因此，在生态环境领域一般不考虑电磁兼容的问题。

23．什么是电磁耦合？

两个网络之间通过电磁场的相互作用称为电磁耦合，在环境电磁研究中，把电磁能量由"源"传送到外环境的过程叫"耦合"。

电磁耦合的耦合途径分为辐射耦合、传导耦合和感应耦合三大类，其中感应耦合又可分为电感应耦合和磁感应耦合两种。

24．电磁干扰的三要素是什么？

电磁干扰的三要素包括源（即产生电磁能量的元件、设备、系统或自然现象）、耦合途径（即电磁能量从源传输或耦合到敏感设备所经过的媒介）、敏感设备（即由于接收了外界的电磁骚扰能量而产生的性能降级或不正常动作的设备），只有同时具备了以上 3 个因素才可能发生电磁干扰。

25．电磁干扰安全系数是什么？

骚扰可以通过传导、辐射等各种途径传输到设备，但能否对设备产生干扰，影响设备的正常工作，则取决于骚扰强度和设备的抗干扰能力，即设备的电磁敏感性。其敏感性取决于设备的敏感度门限，即使设备产生不希望有的响应或造成其性能降级时的骚扰电平，敏感度门限越低说明设备的抗干扰能力越差。

26. 什么是电磁屏蔽？

电磁屏蔽是电磁兼容技术的主要措施之一，即用金属屏蔽材料将电磁干扰源封闭起来，使其外部电磁场强度低于允许值的一种措施；或用金属屏蔽材料将电磁敏感电路封闭起来，使其内部电磁场强度低于允许值的一种措施。屏蔽是解决电磁兼容问题的最基本方法之一。屏蔽手段是一种空间的电磁干扰控制方法，用来抑制电磁噪声沿着空间的传播，即切断辐射电磁噪声的传输途径。大部分电磁兼容问题可以通过电磁屏蔽来解决。用电磁屏蔽的方法来解决电磁干扰问题的最大好处是不会影响电路的正常工作，因此不需要对电路做任何修改。

27. 什么是屏蔽体？

屏蔽体是一种局部或完整的包围体，它利用对电磁波产生的衰减作用来降低外部（电场、磁场或电磁场）在其内部产生的场或降低其内部场在外部产生的场。其目的有两个方面：一是主动屏蔽，即控制内部辐射区的电磁场，不使其越出某一区域，目的是防止噪声源向外辐射场；二是被动屏蔽，即防止外来的辐射进入被屏蔽区域，目的是防止敏感设备受辐射场的干扰。通常采用金属导体作为屏蔽材料，但屏蔽体材料及结构的选择则主要取决于要屏蔽的电磁场性质。对于不同性质的电磁场的屏蔽机理不尽相同。

28. 信噪比的概念是什么？

信噪比是指规定条件下测得的某种设备或者电子系统有用信号电平与电磁噪声电平之间的比值，信噪比的计量单位是分贝（dB）。

29. 设定电磁场曝露限值的关键因素有哪些？

设定曝露标准限值的目的是防止来自不同频率的电场、磁场和电磁场的有害健康影响，其涉及危害阈值、安全因子、基本限值和导出限值、不同人群的保护以及频率迭加等重要概念和关键因素，简述如下：

（1）危害阈值。针对不同频段电磁场的不同生物效应，国际相关组织的曝露标准在确定曝露限值时的首要任务是确定曝露产生有害影响的阈值水平。将科学证据表明低于该水平的曝露没有发现健康危害的最低曝露水平判定为阈值。

（2）安全因子。考虑到对生物学影响的认知不够充分，以及在确定阈值时存在的一些不确定因素，通常会引入一个与不确定程度成比例的安全因子值，安全因子与危害阈值结合得到曝露限值。一般情况下，急性的生物影响能被精确地量化，因此，防止这些影响的曝露限值不需要较大的安全因子。当曝露和有害后果的关系不确定性较大时，则需要较大的安全因子。

（3）基本限值和导出限值。基本限值是直接建立在健康影响以及生物考虑的基础上反映"剂量"概念的物理量限值。如在 100 kHz～10 GHz 频率范围内，基本限值是比吸收率（SAR，W/kg），它是为了防止热效应的。

（4）不同人群的保护。世界卫生组织（WHO）指出，不同人员承受电磁场曝露的能力可能不同：人员中可能存在对曝露敏感的个体；某些药物可能对曝露承受力产生不利影响；患病的人可能对附加的电压特别敏感。因此，对不同人员制定不同的限值也许是很必要的。在制定限值时，对电磁场曝露更敏感的人员采用了更大的安全因子。我国标准《电磁环境控制限值》（GB 8702—2014）制订参考了 ICNRP 推荐的限值标准，其中的"公众曝露"适用于所有年龄和不同健康状况的人，也包括特定的脆弱群体或个人，如孕妇、体弱者等。

（5）频率叠加。不同频率电场、磁场和电磁场的影响机理、生物效应及健康后果可能不同。因此，针对不同频率，限制公众曝露的电场、磁场及电磁场的物理量可能是不同的，多频率曝露情况下，限值及评价需要综合进行考虑。

30. 高压输电线路对周围事物产生干扰的主要因素有哪些？

高压输电线路对周围事物产生干扰的主要因素包括电晕放电、火花放电、工频电场、工频磁场、地电流。

31. 什么是电力牵引系统？它的电磁源表现形式有哪些？

一般专指从外部获取电能,而不是由车辆自身携带电池供电的地面运载工具,包括电化铁道、城市轻轨电化铁道、城市有轨、无轨电车及其他依靠电力牵引的客、货运车辆。此类的电磁源产生的射频电磁场主要来自受流系统（车顶的受电弓与接触网或者接近地面的地刷与第三轨）。其表现形式包括：电平相对稳定的连续电磁噪声、一系列的脉冲序列以及突发的孤立脉冲。

32. 如何防止电磁干扰？

根据电磁干扰三要素,可以采用以下 3 种方式来防止骚扰：抑制干扰源的发射、尽可能使耦合路径无效、使接收器对发射不敏感。通常使用的方式有：接地、屏蔽及滤波。

33. 移动通信的发展历程和频段？

真正意义上移动通信起步于 20 世纪 20 年代,是在几个短波频段上开发出的单工移动通信系统（即呼叫和接收无法同时进行）。随着移动通信技术的发展,现代的移动通信使用移动通信基站来实现信号的收发,每个基站只能覆盖很小的区域（小区制）,用户移动的时候会不断在各个基站之间切换,网络形状像蜂窝一样,所以如今的移动通信网络也被称为蜂窝通信网络,手机也叫蜂窝电话。

当前,提供我国移动通信基础服务的运营商主要是移动、电信和联通三大运营商,移动通信基站作为移动通信的基础设施,也主要由这三大通信运营商提供。

三大运营商为广大用户提供了多种不同的网络制式,不同的网络制式又被分配了不同的工作频段,如表 1-2 所示。

表 1-2 不同网络制式的工作频段 单位：MHz

网络制式	移动工作频段（上行、下行）	联通工作频段（上行、下行）	电信工作频段（上行、下行）
GSM	890～909、935～954	909～915、954～960	—
EGSM	880～890、925～935	—	
DCS1800	1 710～1 720、1 805～1 815 1 725～1 735、1 820～1 830 1 805～1 825、1 710～1 730	1 740～1 755、1 835～1 850	
TD-SCDMA	1 880～1 920、2 010～2 025、2 300～2 400		
WCDMA	—	1 940～1 955、2 130～2 145	—
CDMA	—		825～835、870～880
TD-LTE	1 880～1 900、2 575～2 635、2 320～2 370（仅限室内网络使用）	2 300～2 320、2 555～2 575	2 370～2 390、2 635～2 655

在未来的 5 G 通信中，预计会使用更高的频段（毫米波）来实现移动通信，因此，基站覆盖的范围会更小，基站的密度会更高。

34．国际电磁场计划是什么？

1996 年，世界卫生组织（WHO）组织 60 多个国家及多个国际组织，开展全球性的"国际电磁场计划"研究，以调查与电磁场相关的潜在健康风险。该计划的组织框架包括国际电磁场计划秘书处协调下的 3 个委员会：国际顾问委员会、研究协调委员会及标准协调委员会。支持并参与此计划的国际组织包括：欧洲委员会（EC）、国际癌症研究机构（IARC）、国际非电离辐射防护委员会（ICNIRP）、国际电工委员会（IEC）、国际劳工组织（ILO）、国际电信联盟（ITU）、北大西洋公约组织（NATO）、联合国环境规划署（UNEP）等。英国国家辐射防护局（NRPB）、美国国家环境卫生研究所（NIEHS）、美国职业安全卫生研究所（NIOSH）、日本国家环境研究所等独立的 WHO 科研合作机构承担本项目研究工作。

2002—2003 年国际癌症研究机构（IARC）发布了《非电离辐射　第一部分：静态、极低频（ELF）电场和磁场》，国际非电离辐射防护协会（ICNIRP）发布了《曝露于静态和低频电磁场　生物效应和健康后果（0～100 kHz）》和《限值时变电场、磁场和电磁场（300 GHz 以下）曝露的导则》，IEEE 标准协调委员会发布了《关于人体曝露到电磁场（0～3 kHz）的安全水平的 IEEE 标准》等研究成果。

国际癌症研究机构（IARC）在检查与癌症有关的证据时，仔细研究大量影响健康的证据，并更新了这些关于癌症的证据。将结论和建议发表在世界卫生组织环境健康准则（EHC）专论中（WHO，2007）。2005 年 10 月，世界卫生组织召开了科学专家工作组会议，对曝露于 0～100 kHz 频率范围内的极低频电场和磁场可能存在的任何健康风险进行评定，结论为"对于公共通常遇到的极低频电磁场水平，不存在健康问题"。

2007 年 6 月世界卫生组织（WHO）正式发布《电磁场和公众健康：极低频场曝露》（Fast Sheet No.322）和《极低频场环境健康准则》（EHC No.238）。

2011 年 6 月，在北京大学召开的"工频电磁场与人居健康安全国际研讨会"上，世界卫生组织官员明确指出，电力设施的工作频率属于极低频范围，在电力设施周围存在感应电场和感应磁场，而不是电磁"辐射"。

二、电磁辐射环境影响

1. 电磁辐射对生物体会产生哪些相互作用？

电磁辐射与生物体产生相互作用的表现：原发相互作用和次发生物效应。

原发相互作用：生物体受到电磁波照射后，其组织内会产生对电磁能量的吸收，吸收以后所发生一系列变化。

次发生物效应：原发相互作用所引起的生物体生理功能变化，以及发生在分子和亚细胞结构一级的结构变化。

2．什么是热效应和非热效应？

生物体吸收电磁能量后产生的生物效应包括热效应和非热效应。

热效应（Thermal Effects）是指由电磁场在体内发热产生的生物效应。当电磁辐射照射到生物体时，其中有一部分电磁能量被生物体表皮层反射回空间，但也有相当部分电磁能量穿透表皮层，入射到机体组织中，并转换成热能而表现出来。生物体对电磁能量的吸收取决于生物组织的含水量，还与电磁波的频率、入射角、机体剖面构型以及机体生理状况等因素有关。

非热效应（Athermal Effect）是指电磁场对人体产生的任何与热无关的效应。

热效应与非热效应的概念出现于电磁场频率超过 100 kHz 的射频电磁场领域。在该频段，已经被良好确认了的生物效应是体内吸收的电磁场能量及发热效应。生活环境中高频电磁场曝露与非热效应有关的长期健康危害并未得到证实。针对电磁场的非热效应，长期以来在全球已进行了大量的研究。研究涵盖了各种与电磁场曝露可能存在关联的疾病，包括儿童癌症和成人癌症（包括基因毒性、免疫系统变异）、神经行为反应（包括脑电活动、识别能力、睡眠、抑郁症、自杀）、神经内分泌系统障碍（包括激素水平）、神经变性疾病、心血管紊乱、血液病、生育功能障碍、发育障碍等。然而，由于现有研究支持电磁场和任何这些疾病关联的科学证据不足，因此电磁场的各种非热效应尚不能成为制定曝露限值的直接依据。

3．极低频电磁场对机体健康的影响？

凡是有电流流通的地方——如高压架空输电线和电缆、住宅供电线路以及电器中就有电场和磁场存在。电场源于电荷，衡量单位为伏特/米（V/m），并可被金属材料屏蔽。磁场源于电荷运动（即电流），以特斯拉（T）为单位，或更通常以毫特斯拉（mT）或微特斯拉（μT）为单位。磁场不易被材料屏蔽。这两种场在接近源头的地方最强，随距离减弱。

大部分电力工业频率（即工频）为每秒 50 Hz。靠近某些电器的地方，磁场值的量级可达几百微斯特拉。在输电线下面，磁场约为 20 μT，而电场可达每米几千伏特。住宅中的工频磁场约 0.1 μT，工频电场平均值最高为每米几十伏特。

2005 年 10 月，世界卫生组织（WHO）召集了一个科学专家组，评估接触频率在 0~100 000 Hz（100 kHz）的极低频电场和磁场可能造成的任何健康风险。尽管 2002 年国际癌症研究机构检查了癌症方面的证据，但该专家组进一步审查了若干健康影响的证据，并更新了有关癌症的证据。

在进行了一次标准的健康风险评估之后，专家组认为就公众一般遇到的电场强度而言，没有与极低频电场相关的实质性健康问题。

4．移动电话及其基站有什么健康风险？

这是世界卫生组织（WHO）十分重视的一个问题。因有大量人员使用移动电话，即使对健康发生的副作用稍微有所增加就可能产生重大公共卫生影响。

移动电话附件射频（RF）场功率密度通常比基站周围公众可到达区域功率密度高数倍甚至数十倍，因此，相关研究几乎完全集中于接触移动电话可能造成的影响。

（1）癌症。在接触来自无绳电话的射频辐射与头部癌症（神经胶质瘤和听神经瘤）的相关性问题上，根据获得的各类流行病学证据，射频场已经被国际癌症研究机构归为可能导致人类癌症之类（2B 组）。迄今为止所开展的研究并没有表明，对诸如来自基站等射频场的环境接触会增加罹患癌症或任何其他疾病的危险。

（2）其他健康影响。科学家报告了使用移动电话的其他健康影响，包括脑活动、反应时间和睡眠模式的改变，但这些情况影响甚微，不具明显的健康意义。目前正在进行更多的研究，试图确认这些研究结果。

（3）电磁干扰。在一些医疗器具（包括起搏器、植入型自动除颤器和某些助听器）近旁使用移动电话时，有可能对其正常运转造成干扰。第三代移动电话对新型设备电磁干扰风险大有降低。在移动电话信号与飞行器电子系统之间也可能存在着干扰现象。有些国家利用可控制电话输出功率的系统，已经允许飞机飞行期间使用移动电话。

（4）交通事故。研究显示，由于会出现分心情况，驾车时使用移动电话（无论是手持或"免持"移动电话）发生交通事故的风险可能增加3～4倍。

虽然没能证明使用移动电话会增加罹患大脑肿瘤的风险，但随着公众越来越多地使用移动电话，有必要进一步研究长期（如15年以上）使用移动电话与大脑肿瘤风险的相关性。特别是，近年来年轻人对移动电话的使用日趋普遍，因而潜在接触期会更长，世界卫生组织鼓励进一步对这一类人群开展研究，且目前正在评估射频场对健康影响。

5．电磁辐射所致人体健康危害具有可恢复性吗？

电磁辐射所致的人体损伤可分为急性损伤或慢性损伤，只要所致的损伤是机能性的未发展成为病理性器质损伤，一般脱离接触，采取有效措施是可恢复的，即是能够治愈的。有些慢性损害一旦脱离接触，不需要治疗就能恢复健康，如低强度、长时间受到电磁辐射照射引起的神经衰弱症候群及植物神经功能紊乱是机能性的、非器质性的，脱离接触很快能恢复，即这些慢性影响是可逆的。

6．工频电磁场对人体健康是否存在累计效应或潜在效应？

社会上目前存在着一种观点，认为世界卫生组织推荐的国际导则及标准都是针对人体即时产生的短期效应，不适用于长期效应，对国际导则保护公众健康的安全性产生怀疑。

从疾病预防或健康风险评估角度看，所谓长期健康影响，应是指工频电场、磁场的长期致癌性或对健康的各类"非癌长期后果"。

美国国家环境卫生科学研究所（NIEHS）在其《工频电场和磁场曝露健康影响的评估》工作组报告中指出：NIEHS 依照国际癌症研究机构的工作程序和评估方法，已经完成了对极低频电、磁场致癌性（Carcinogenicity）的最终评估；并通过与致癌性评估相类似的程序，完成了对非癌观察终点（Noncancer End-Points）的最终评估。

NIEHS 的最终评估结论是：报告中涉及的各种观察终点的评估证据，均属于有限的和不足的。评估结论明确地不支持工频电场、磁场具有累积效应或长期影响的假设。

7. 不同频率电磁场的生物效应有哪些？

不同频率电磁场的生物效应是不同的。电磁场曝露对生物系统产生何种影响，取决于电磁源的频率（波长）及其能量的大小。0～100 kHz 低频电场与磁场（通常统称为电磁场）已确认的主要生物效应是体内感应电场与电流对神经与肌肉组织的刺激；家庭低水平磁场曝露与儿童期白血病之间的关联性并未得到证实。电磁场频率超过 100 kHz，需要考虑的生物效应是电磁场在体内产生的能量吸收及发热效应（其中，在 100 kHz～10 MHz 频率范围内，需要同时考虑电磁场的体内发热效应及体内感应电场对神经与肌肉组织的刺激）。在 10 MHz 及以上频率范围，电磁场的生物与健康效应是由体内（10 GHz 以下频率）或体表浅层组织内（10 GHz 以上频率）的温升来决定的。生活环境中射频（RF）场曝露非热效应的长期健康危害并未得到证实。

正因为不同频率电磁场具有不同的生物效应，所以针对低频电、磁场和不同频率的射频场，监测与评价的物理量与标准限值都不同，不宜混为一谈。

8. 什么是长期效应与短期效应？

长期效应（Long-term Effect）是指长时间电磁场曝露后才能显现的生物效应。短期效应（Short-term Effect）是指曝露中或曝露后短期内即出现的生物效应。在电磁场曝露限值国际导则（ICNIRP 2010）中，还使用了与长期效应有关但又有所区别的术语——"长期曝露"（Long-term Exposure），指的是在所涉及的生物系统寿命期大部分时间内的曝露，持续期可能从几星期到许多年。而短期效应所产生的影响又被称为"急性影响"（Acute Effect），是指短期、即刻产生的结果。

国际曝露标准制定机构均遵循以"已确定的证据"作为制定限值基础的原则。许多年以来，全球生物电磁学术界长期努力，寻求证实电磁场是否确实存在长期效应，这些研究通常关心的是在标准限值以下的低水平、长期电磁场曝露是否存在不利的健康后果。迄今为止，国际上已完成多次大规模的电磁场健康风险全面评估，但不论是低频电场、磁场还是射频电磁场，低水平、长期曝露的有害健康影响均未能证实。因此，只有已被确认的短期效应及急性影响成为制定国际曝露限值的依据。

9. 输变电工程电磁环境影响有哪些？

输变电工程电磁环境指输电线路、变电站、换流站等输变电设施运行时在其周围产生的电磁现象的总和。主要包括带电导体电荷产生的电场、带电导体电流产生的磁场以及入地电流产生的跨步电压和接触电压等。按照输变电工程的输送方式，输变电工程电磁环境可分为交流输变电工程电磁环境和直流输电工程电磁环境。

10. 交流输电线路电磁环境影响有哪些？

交流输电线路电磁环境指交流输电线路运行时在其周围产生的电磁现象总和。主要包括带电导体电荷产生的工频电场、导体电流产生的工频磁场。

（1）交流输电工程工频电场。交流输电线路运行时导线上的电荷在空间产生的交变电场。可采用电场强度矢量来描述工频电场的方向和大小，电场强度的单位通常用伏/米（V/m）或千伏/米（kV/m）表示。

（2）交流输电工程工频磁场。交流输电线路运行时导体流动的负荷电流在空间产生的交变磁场。可采用磁场强度或磁感应强度矢量来描述工频磁场的方向和大小，磁场强度的单位为安培/米（A/m），磁感应强度的单位为特斯拉（T）。在日常生活中遇到的磁场，通常是毫特斯拉（mT）级或微特斯拉（μT）级。

11. 直流输电线路电磁环境影响有哪些？

直流输电线路电磁环境指直流输电线路运行时在其周围产生的电磁现象总和。主要包括合成电场、离子电流密度、磁场。

（1）直流输电线路合成电场。直流输电线路导线所带电荷产生的静电场（标称电场）和导线电晕导致的空间电荷（离子）产生的电场叠加形成的总电场，单位为千伏/米（kV/m）。

合成电场的大小与导线表面电场强度及电晕起始场强有关。导线表面电场强度与导线电压、导线分裂数、子导线直径、极导线间距和导线对地高度等有关。电晕起始场强与导线表面状况和天气等因素有关，表面粗糙导线的起晕场强比光滑导线低，湿导线的起晕场强比干导线低。当直流线路的几何尺寸确定之后，若导线表面电场强度越高，电晕起始电场强度越小，则合成电场越大。因此，降低导线表面电场强度和提高电晕起始电场强度均可以减小合成电场。

（2）直流输电线路离子流密度。直流输电线路导线电晕放电时电离形成的离子在电场力的作用下，向空间或地面运动，在单位面积截获的离子电流，单位为纳安/平方米（nA/m^2）。

（3）直流输电线路磁场。直流输电线路导线中的直流电流产生的恒定磁场，一般采用磁感应强度描述，单位为微特斯拉（μT）。

12. 变电站电磁环境影响有哪些？

变电站电磁环境指变电站运行时在其周围产生的电磁现象总和。主要包括变电站产生的工频电场、工频磁场。

（1）变电站工频电场。主要指变电站运行时各种带电导体上的电荷和在接地架构上感应的电荷在变电装置所在处广大空间产生的交变电场。

（2）变电站工频磁场。主要指变电站运行时带电导体中流动的工频负荷电流在周围广大空间产生的磁场。

13.　换流站电磁环境影响有哪些？

换流站电磁环境指换流站运行时在其周围产生的电磁现象总和。换流站电磁环境参数主要为合成电场。

换流站合成电场指换流站直流侧直流母线、开关设备、金具、绝缘子等直流带电体上的电荷以及电晕产生的空间电荷共同产生的电场，单位为千伏/米（kV/m）。

14.　接地极电磁环境影响有哪些？

接地极电磁环境指直流输电系统接地极运行时产生的电磁现象总和。当直流输电系统以单极大地返回状态运行或双极直流系统两极电流不平衡时，经过直流系统接地极流入大地的直流电流产生的跨步电压和接触电压，有可能对接地极附近的人员造成影响。在接地极设计中，需要通过计算、设计和采取措施，使这些参量满足相应的容许值。在接地极建成后，还要进行测量，以检验接地极对环境的影响满足要求。

三、电磁环境监测评价

1.　什么是电磁源环境测量？

是指在适合的环境条件和工况下，使用专业仪器，由持证人员按照测量规范对环境中各类电磁源的电磁环境影响情况进行测量。

2. 什么是电磁环境现状测量？

是指为了了解环境中、电场、磁场、电磁场分布的现状而进行的测量工作。生态环境工作中电磁环境现状测量参数主要有电场强度、磁场强度（磁感应强度）、功率密度等。

测量时应明确测量参数、测量范围、点位和频次，关注测量条件（环境、气象等），选取合适的测量仪器，规范记录和数据处理，严格质量保证工作。

3. 什么是电磁环境类比测量？

通过测量已有的某一电磁设施周围电磁场分布，来了解拟分析的电磁设施产生的电磁场，两者应为同一类电磁设施，有相同或相近的功率、频率等影响电磁场分布的主要参数。已有的电磁设施一般称为类比测量对象。

类比的出发点是对象之间的相同或相似性，是根据两个或两类对象有部分属性相同，从而推断出它们的其他属性也相同的推理过程。它以关于两个事物某些属性相同为前提，推测出两个事物的其他属性相同的结论。

电磁环境类比测量前应选择关键属性相似的类比对象，在充分论证类比可行性的基础上，通过对类比对象电磁环境的测量，对尚未确定的拟分析对象电磁环境提前做出预测、分析和评估，为分析能量分布规律、确定超标程度和范围、制定环境保护措施提供科学依据，是电磁环境科学测量、分析和评价工作中常用的分析方法之一。

4. 电磁源环境测量按测量对象不同可分为哪几类？

（1）广播电视发射设备电磁环境测量。

（2）通信基站、雷达及卫星地球站电磁环境测量。

（3）电力系统电磁环境测量。

（4）工业、科研、医疗射频设备电磁环境测量。

（5）交通运输系统电磁环境测量。

5. 电磁环境监测对气象条件有什么要求？

环境条件应符合仪器的使用要求。监测工作应在无雨、无雾、无雪的天气下进行。

6. 监测的原则是什么？

首先应依据环境保护法律法规、环境质量标准，国家、地方及行业中的其他相关规定。

其次监测前应收集相关资料，并保证资料内容的有效性，根据现有环境中的各类要素，如现有电磁环境种类、背景值、影响因素等，来筛选可用资料，选取参数，确定监测范围。

最后对现状监测值较高的区域，进行全面、详细的调查与研究，通过进一步测量进行定量分析，给出最终监测结果。

7. 监测人员有什么要求？

监测人员应经专业培训，考核合格后持证上岗。未取得合格证者，可在持证人员的指导下开展工作。现场测量必须有 2 名以上人员才能进行。

8. 监测仪器有哪些分类？有什么区别？

监测仪器根据监测目的不同，可分为非选频式宽带辐射测量仪和选频式辐射测量仪。

非选频式宽带辐射测量仪是指具有各向同性响应或有方向性探头的宽带辐射测量仪。

选频式辐射测量仪是指各种专门用于电磁场（EMI）测量的场强仪、干扰测试接收机等由频谱仪、接收机、天线等组成的经标准场校准后的系统。

9. 常用电磁环境现状监测的仪器有哪些？

电磁环境现状监测中常用的仪器有：射频场强仪、工频场强仪、选频分析仪、信号分析仪、直流合成场强仪、射频/工频连续监测系统等。监测人员根据不同的监测因子、监测目的选择不同的监测仪器进行监测。

10. 常用监测仪器的适用和测量范围是哪些？

目前常用的监测仪器主要有以下几种类型。

射频场强仪：NBM-550 射频场强仪可用于信号发射频率在 100 kHz～3 GHz 的无线通信系统、广播电视系统的电场强度以及一般环境中 100 kHz～3 GHz 频率电磁波的综合电场强度的测量。

电磁辐射选频测量仪：SRM 3000 型电磁辐射选频测量系统可用于信号发射频率在 100 kHz～3 GHz 的无线通信系统、广播电视系统的电场强度以及一般环境中 100 kHz～3 GHz 频率电磁波选择频段内的综合电场强度的测量。

工频场强仪：EFA 300 低频电磁场分析仪用于 5 Hz～32 kHz 低频电磁场测量，如高压输电线、变电站、配电室、感应炉、地铁、电车等作业场所或公共场所中的低频电磁场测量，也用于设备低频电磁辐射研究等领域。

信号分析仪：PMM 9010 型干扰接收机主要用于测量频率范围为 9 kHz～30 MHz 的干扰场强或正弦信号场强，也可测量上述频段范围内信号在 50Ω 负载上的终端电压。该仪器还能作其他测量，如上述频率范围内的谐波分析、漏场等。

直流合成场强：HDEM-01 合成场强仪用于直流换流站、直流输电线周围作业场所或公共场所合成场测量，进行设备合成场研究等领域。

无线电干扰：R&S FSH3 型手持式频谱仪，主要利用天线测量频率范围为 100 kHz～30 MHz 的干扰场强或正弦信号场强。该仪器也能作其他测量，如上述频率范围内的频谱分析、发射机与天馈线测试、电磁场强监测以及电磁兼容（EMC）诊断等测试。

11. 电磁环境现状监测的辅助仪器有哪些？

电磁环境现状监测的辅助仪器有：测距仪、温湿度计及风速测量仪等。

12. 输变电工程电磁环境监测因子有哪些？

交流输变电工程环境监测因子有：工频电场、工频磁场。

直流输变电工程环境监测因子有：合成电场。

13. 交流输变电工程的监测对监测仪器有什么要求？

工频电场和磁场的监测应使用专用的探头或工频电场、磁场监测仪器。工频电场、磁场监测仪器可以采用单独的探头，也可以采用合二为一的探头。工频电场和磁场监测仪器的探头可为一维探头或三维探头。一维探头一次只能监测空间某点一个方向的电场或磁场强度；三维探头可以同时测出空间某一点 3 个相互垂直方向（X、Y、Z）的电场、磁场强度分量。

探头通过光纤与主机（手持机）连接时，光纤长度不应小于 2.5 m。监测仪器应用电池供电。

工频电场监测仪器探头支架应采用不易受潮的非导电材质。

监测仪器的监测结果应选用仪器的方均根值读数。

14. 交流架空输电线路工频电场、磁场监测怎样布点？

断面监测路径应选择在导线档距中央弧垂最低位置的横截面方向上。单回输电线路应以弧垂最低位置处中相导线对地投影点为起点，同塔多回输电线路应以弧垂最低位置处档距对应两杆塔中央连线对地投影为起点，监测点均匀分布在边相导线两侧。对于挂线方式以杆塔对称排列的输电线路，只需在杆塔一侧的横断面方向上布置监测点。监测点间距一般为 5 m，顺序测至距离边导线对地投影外 50 m 处为止。在测量最大值时，两相邻监测点的距离应不大于 1 m。除断面监测外，也可在线路其他位置监测，应记录监测点与线路的相对位置关系以及周围的环境情况。

15. 直流输电线路下地面合成电场和离子流密度测量要求有哪些？

测量地面合成电场和离子流密度时，测量地点应选在地势平坦、远离树木杂草、没有其他电力线路、通信线路及广播线路的空地上。直流架空输电线路地面合成电场测量点应选择在档距中央极导线弧垂最低位置的横截面方向上。测量时两相邻测量点间的距离一般取 5 m，若需测量最大值，两相邻测量点间的距离可取 2 m。一般测量至距离极导线对地投影外 50 m 处即可。除在线路横截面方向上测量外，也可根据测量需要在线下其他位置进行测量，同时应记录测量点以及周围的环境情况。

16. 直流输电线路邻近民房合成电场和离子流密度测量要求有哪些？

邻近民房位置的地面合成场强和离子流密度的测量点应布置在靠近线路最近极导线侧距离民房（围）墙外测不小于 1 m 处。当线路极导线距离房屋较近（极导线距离房屋的最小距离 5~10 m）时，可在民房楼顶平台位置处测量。

民房楼顶平台上测量：应在距离周围墙壁和其他固定物体（如护栏）不小于 1 m 的区域内测量地面合成场强和离子流密度。若民房楼顶平台的几何尺寸不满足这个条件，则不进行测量。

17. 直流换流站外合成电场和离子流密度测量要求有哪些？

换流站墙外的合成场强和离子流密度测量：合成场强和离子流密度测量点应选在无进出线或远离进出线的直流侧围墙外且距离围墙 5 m 处。

换流站围墙外合成场强和离子流密度衰减测量：合成场强和离子流密度衰减测量点以距离换流站围墙外 5 m 处为起点，在垂直于围墙的方向上分布。在测量合成场强和离子流密度的衰减时，相邻两测点间的距离一般为 5 m，但也可选其他较小的距离，所有这些参数均应记录在测量报告中。换流站围墙外合成场强和离子流密度测至围墙外 50 m 处即可。

18．移动通信基站监测应收集哪些基本信息？

（1）移动通信基站名称、编号、建设地点、建设单位、类型。

（2）发射机型号、发射频率范围、标称功率、实际发射功率。

（3）天线数目、天线型号、天线载频数、天线增益、天线极化方式、天线架设方式、钢塔桅类型（钢塔架、拉线塔、单管塔等）、天线离地高度、天线方向角、天线俯仰角、水平半功率角、垂直半功率角等参数。

19．移动通信基站的监测点位怎样选择？

监测点位一般布设在以发射天线为中心半径 50 m 范围内可能受影响的保护目标处，根据现场环境情况可对点位进行适当调整。具体点位优先布设在公众可以到达的距离天线最近处，也可根据不同目的选择监测点位。移动通信基站发射天线为定向天线时，则监测点位的布设原则上设在天线主瓣方向内。探头（天线）尖端与操作人员之间距离不少于 0.5 m。

在室内监测，一般选取房间中央位置，点位与家用电器等设备之间距离不少于 1 m。在窗口（阳台）位置监测，探头（天线）尖端应在窗框（阳台）界面以内。

对于发射天线架设在楼顶的基站，在楼顶公众可活动范围内布设监测点位。

进行监测时，应设法避免或尽量减少周边偶发的其他辐射源的干扰。

20．移动通信基站的监测对监测仪器有什么要求？

测量仪器根据监测目的分为非选频式宽带辐射测量仪和选频式辐射测量仪。进行移动通信基站电磁辐射环境监测时，采用非选频式宽带辐射测量仪；需要了解多个电磁源中各个发射源的电磁辐射贡献量时，则采用选频式辐射测量仪。

测量仪器工作性能应满足待测场要求，仪器应定期检定或校准。监测应尽量选用具有全向性探头（天线）的测量仪器。使用非全向性探头（天线）时，监测期间必须调节探测方向，直至测到最大场强值。

21. 雷达和卫星地球站的监测点位及布点方法是什么？

雷达和卫星地球站布点应以辐射体为中心，以间隔45°的8个方位为测量线，每条测量线上选取距电磁源30 m、50 m、100 m等不同距离定点测量，测量范围根据实际情况确定。测点一般距离地面1.7～2.0 m。

22. 广播电视工程的监测因子有哪些？

近场区：电场强度、磁场强度；

远场区：功率密度或电场强度。

23. 广播电视工程的监测点位及布点方法是什么？

监测点位布置涉及电磁环境敏感目标和发射天线两种情况。

（1）电磁环境敏感目标以定点监测为主。

（2）对于无方向性天线，以发射天线为起点，在靠近天线的区域采用网格布点，在远离天线处过渡到以天线为圆心的同心圆布点。考虑到场强变化的快慢，布点应近密远疏。同心圆布点每间隔15°布设一条测量线。布点在靠近建筑物、树木、输电线路等时，适当调整测点位置到较为空旷处。对于有方向性天线，可适当简化后瓣方向布点。新建站址布点可简化。

（3）监测点位附近如有影响监测结果的其他电磁源存在时，应说明其存在情况并分析其对监测结果的影响。

（4）给出监测布点图。

（5）分析监测布点的代表性。

24. 工业、科研、医疗射频项目监督点位及布点方法是什么？

应将测量源放在高度适当并提供额定电压电源的转台上，采用能分别测量辐射场的水平和垂直分量的小口径定向天线进行测量，天线中心离地高度和测量源近似辐射中心离地高度相同，接收天线和测量源设备间的距离一般取 3 m，或根据实际情况调整。测量应在自由空间条件下进行，即地面的反射不影响测量结果。

25. 交通运输系统的监测点位及布点方法是什么？

电磁源为城市轨道交通以及电气化铁路时，测量参数为牵引站周围环境保护目标的工频电场强度和工频磁感应强度，沿线测量范围内开放式天线接收电视的电磁环境保护目标电视信号场强和背景无线电噪声场强。测量点位布设在地上线路外轨中线两侧 50 m 内，或在牵引站四周边界外 5 m 处布点，测量仪器高度一般在 1.5 m，也可根据需要调整。

电磁源为磁浮轨道交通系统时，测量因子为牵引站周围环境保护目标的工频电场强度和工频磁感应强度；沿线测量范围内开放式天线接收电视的电磁环境保护目标电视信号场强和背景无线电噪声场强；直流电磁铁产生的静磁场（0 Hz，列车运行）、直流电机的长定子绕阻线圈及供电电缆产生的交流磁场（5 Hz～5 kHz，列车运行）、无线电通信系统电磁波综合场。测量范围为距地上线路外轨中心线两侧 50 m、距牵引站边界外 50 m 范围内。

工频电场和磁感应强度、信号场强和无线电噪声场强在牵引站四周边界外 5 m 处均匀布点进行测量，测量仪器高度一般在 1.5 m，也可根据需要调整。

直流电磁铁产生的静磁场（0 Hz，列车运行）测点布设在列车运行时车内不同高度处（车内地面、座位处、站立头部处等）和导向轨附近不同距离处。

直流电机的长定子绕阻线圈及供电电缆产生的交流磁场（5 Hz～5 kHz，列车运行）测点布设在不同车速时列车内和导向轨附近不同距离处。无线电通信系统电磁波综合电场强度测点布设在磁浮列车驾驶室车门上方 0.5 m 处、轨道梁外距天线水平距离 10 m、20 m、30 m 处。

26. 区域电磁环境测量及其布点方式是什么？

区域电磁环境测量是为全面了解某区域电磁环境现状、分布规律、变化趋势等进行的电磁环境测量。典型电磁发射设备，可以其为中心，按间隔 45° 的 8 个方位为测量线，每条测量线上选取距场源分别 30 m、50 m、100 m 等不同距离定点测量。一般布点方式，可根据区域地图，将全区划分为 1 km×1 km 或 2 km×2 km 小方格，在各方格中心处布置测点。考虑到地形地物影响，实际测点应避开高层建筑物、树木、输电线路以及金属结构等，尽量选择空旷处测试。

27. 什么是质量保证？

质量保证（Quality Assurance）是质量管理的一部分，它致力于提供质量要求会得到满足的信任。质量保证是指为使人们确信产品或服务能满足质量要求而在质量管理体系中实施并根据需要进行证实的全部有计划和有系统的活动。

28. 电磁环境现状监测质量保证的目的是什么？

电磁环境现状监测质量保证的目的是确保测量数据准确无误及足够的精准。

四、电磁辐射环境标准

1. 电磁环境标准指的是什么？

在生态环境领域，是指以保护公众健康为目标，限制环境中人体电磁场曝露的电磁场标准总称。通常可以把我国电磁环境标准分为两类：曝露标准、测量与评价标准。

曝露标准是保护个人电磁场曝露的基本标准，它通常是全身或部分人体曝露于电磁场中的最大允许水平。这类标准通常已考虑安全因子并提供了限制人体曝露的基本指南。国家标准《电磁环境控制限值》（GB 8702—2014）即属于曝露标准，也将其归入环境质量标准范畴。

测量与评价标准规定了如何检验、评价电磁源所致照射是否符合曝露标准。《电磁辐射监测仪器与方法》（HJ/T 10.2—1996）、《电磁辐射环境影响评价方法与标准》（HJ/T 10.3—1996）、《交流输变电工程电磁环境监测方法（试行）》（HJ 681—2013）、《移动通信基站电磁辐射环境监测方法》（HJ 972—2018）、《环境影响评价技术导则　输变电工程》（HJ 24—2014）、《建设项目竣工环境保护验收技术规范　输变电工程》（HJ 705—2014）属于该类标准范畴。

2. 什么是曝露标准？

曝露标准是保护个人电磁场曝露的基本标准，它通常是全身或部分人体曝露于任何数量产生的电磁场（EMF）中的最大允许水平。这类标准通常已考虑安全因子并提供了限制人体曝露的基本指南。国际非电离辐射防护委员会、电气和电子工程师协会分别制定有电磁场曝露限值相关标准。

3. 什么是排放（发射）标准？

排放标准为电气装置设置了各种限制规定，通常是基于工程方面的考虑，例如使其与其他电气设备间的电磁干扰最小化，但也必须满足人体曝露标准的要求。电气与电子工程师学会（IEEE）、国际电工委员会（IEC）、欧洲电工技术标准化委员会（CENELEC）等国际机构和各个国家标准化机构已制定的。通常，设定排放标准的目标是确保由不同装置产生的全部曝露足够低，以使实际应用中，即使附近有产生电磁场（EMF）的其他装置时，也不会超过曝露限值。

4. 什么是测量与评价标准？

测量标准规定了如何检验是否符合曝露与排放标准。它们提供了如何测量装置或产品的电磁场曝露的方法，例如如何对多频率源进行测量、评价，移动电话比引起吸收率（SAR）的测量等。一系列测量与评价标准已由 IEC、IEEE、CENELEC、国际电信联盟（ITU）以及其他标准化机构制订。

5. 设定电磁场曝露标准限值的关键因素有哪些？

制定曝露限值的目的是防止来自不同频率电场、磁场和电磁场的有害健康影响，其涉及危害阈值、安全因子、基本限值和参照水平、不同人群的保护等重要概念和关键因素。

6. 我国环境中电磁场公众曝露的限值要求？

根据《汉语词典》的解释，"公众"泛指一般群众，现代汉语中指公共关系主体与社会组织发生相互关系、作用，其成员面临共同问题、共同利益和共同要求的社会群体。同时世界卫生组织也对"曝露"作出了严格的定义，指达到某目标系统处，某特定物质的浓度、量或强度。

我国地域辽阔，环境组成因子复杂，电场、磁场和电磁场的使用频段较多且构成电磁环境要素的不可预知性较强，不同公众对电磁场曝露的耐受能力有较大区别，因此有必要对职业人员和普通公众采用不同的控制限值。2014 年 9 月环境保护部与国家质量监督检验检疫总局联合发布《电磁环境控制限值》（GB 8702—2014），其中在术语和定义章节中，明确指出"公众曝露"是公众所受的全部电场、磁场、电磁场照射，不包括职业照射和医疗照射。同时，也明确了不同频率范围内，电场强度、磁场强度、磁感应强度、等效平面波功率密度等相关因子的公众曝露控制限值。例如，50 Hz 输电变工程所对应的电磁环境控制限值为电场强度 4 000 V/m 和磁感应强度 100 μT，我国所使用的 2～4 G 移动通信发射装置所对应的电磁环境控制限值为电场强度 12 V/m 和等效平面波功率密度 0.4 W/m^2。

第二部分

法律篇

一、建设项目审批及备案

1. 电磁辐射类建设项目涉及哪些环保审批手续？

电磁辐射类建设项目涉及的主要环保审批手续为环境影响评价审批及环境保护设施验收。依据《环境保护法》《环境影响评价法》《建设项目环境保护管理条例》的相关规定，建设单位应依法编制环境影响评价文件，报有审批权的主管部门审批/备案。同时，如电磁辐射类建设项目涉及固体废物污染防治设施的，仍需经原审批环境影响评价文件的环境保护行政主管部门验收。

【法条链接】

《环境保护法》（2014 修订）

第十九条 编制有关开发利用规划，建设对环境有影响的项目，应当依法进行环境影响评价。未依法进行环境影响评价的开发利用规划，不得组织实施；未依法进行环境影响评价的建设项目，不得开工建设。

《环境影响评价法》（2018 修正）

第十六条 国家根据建设项目对环境的影响程度，对建设项目的环境影响评价实行分类管理。

建设单位应当按照下列规定组织编制环境影响报告书、环境影响报告表或者填报环境影响登记表（以下统称环境影响评价文件）：

（一）可能造成重大环境影响的，应当编制环境影响报告书，对产生的环境影响进行全面评价；

（二）可能造成轻度环境影响的，应当编制环境影响报告表，对产生的环境影响进行分析或者专项评价；

（三）对环境影响很小、不需要进行环境影响评价的，应当填报环境影响登记表。

建设项目的环境影响评价分类管理名录，由国务院生态环境主管部门制定并公布。

第二十二条　建设项目的环境影响报告书、报告表，由建设单位按照国务院的规定报有审批权的生态环境主管部门审批。

海洋工程建设项目的海洋环境影响报告书的审批，依照《中华人民共和国海洋环境保护法》的规定办理。

审批部门应当自收到环境影响报告书之日起六十日内，收到环境影响报告表之日起三十日内，分别作出审批决定并书面通知建设单位。

国家对环境影响登记表实行备案管理。

审核、审批建设项目环境影响报告书、报告表以及备案环境影响登记表，不得收取任何费用。

《固体废物污染环境防治法》（2016 修正）

第十四条　建设项目的环境影响评价文件确定需要配套建设的固体废物污染环境防治设施，必须与主体工程同时设计、同时施工、同时投入使用。固体废物污染环境防治设施必须经原审批环境影响评价文件的环境保护行政主管部门验收合格后，该建设项目方可投入生产或者使用。对固体废物污染环境防治设施的验收应当与对主体工程的验收同时进行。

2. 纳入环境影响评价的电磁辐射类建设项目有哪些？分别编制哪一类环境影响评价文件？

根据《建设项目环境影响评价分类管理名录》（2018 修正）附件第五十项"核

与辐射"部分的规定，纳入环境影响评价的电磁辐射类建设项目包括：输变电工程，广播电台、差转台，电视塔台，卫星地球上行站，雷达和无线通信。

表 2-1　　《建设项目环境影响评价分类管理名录》（2018 修正）附件（部分）

项目类别 ＼ 环评类别		报告书	报告表	登记表	本栏目环境敏感区含义
五十、核与辐射					
181	输变电工程	500 kV 及以上；涉及环境敏感区的 330 kV 及以上	其他（100 kV 以下除外）	—	第三条（一）中的全部区域；第三条（三）中的以居住、医疗卫生、文化教育、科研、行政办公等为主要功能的区域
182	广播电台、差转台	中波 50 kW 及以上；短波 100 kW 及以上；涉及环境敏感区的	其他	—	第三条（三）中的以居住、医疗卫生、文化教育、科研、行政办公等为主要功能的区域
183	电视塔台	涉及环境敏感区的 100 kW 及以上的	其他	—	第三条（三）中的以居住、医疗卫生、文化教育、科研、行政办公等为主要功能的区域
184	卫星地球上行站	涉及环境敏感区的	其他	—	第三条（三）中的以居住、医疗卫生、文化教育、科研、行政办公等为主要功能的区域
185	雷达	涉及环境敏感区的	其他	—	第三条（三）中的以居住、医疗卫生、文化教育、科研、行政办公等为主要功能的区域
186	无线通信	—	—	全部	

【法条链接】

《建设项目环境影响评价分类管理名录》（2018 修正）

第三条　本名录所称环境敏感区是指依法设立的各级各类保护区域和对建设项目产生的环境影响特别敏感的区域，主要包括生态保护红线范围内或者其外的下列区域：

（一）自然保护区、风景名胜区、世界文化和自然遗产地、海洋特别保护区、饮用水水源保护区；

（二）基本农田保护区、基本草原、森林公园、地质公园、重要湿地、天然林、野生动物重要栖息地、重点保护野生植物生长繁殖地、重要水生生物的自然产卵场、索饵场、越冬场和洄游通道、天然渔场、水土流失重点防治区、沙化土地封禁保护区、封闭及半封闭海域；

（三）以居住、医疗卫生、文化教育、科研、行政办公等为主要功能的区域，以及文物保护单位。

3. 电磁辐射类建设项目哪些环境影响评价文件需要办理审批手续、相关审批流程如何规定？

根据《环境影响评价法》（2018 修正）第二十二条第一款的规定："建设项目的环境影响报告书、报告表，由建设单位按照国务院的规定报有审批权的生态环境主管部门审批。"电磁辐射类建设项目需要办理审批手续的环境影响评价文件为环境影响报告书和环境影响报告表，而环境影响登记表无需办理审批手续。

根据《建设项目环境保护管理条例》（2017 修订）第九条第四款的规定："依法应当填报环境影响登记表的建设项目，建设单位应当按照国务院环境保护行政主管部门的规定将环境影响登记表报建设项目所在地县级环境保护行政主管部门备案。"

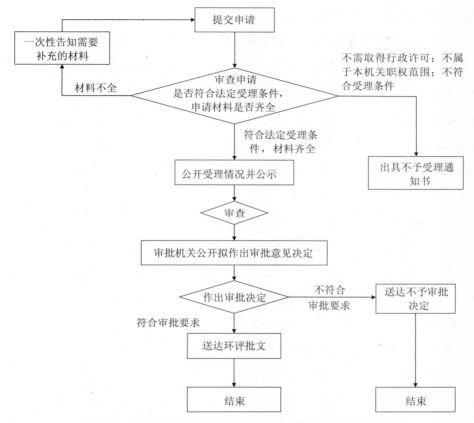

图 2-1　建设项目环境影响报告书、报告表审批办事流程图

4. 环保部门在进行电磁辐射类建设项目环境影响评价审批时应向利害关系人履行哪些告知义务？

建设项目环境影响报告书和报告表的审批属于行政许可，环保部门在审批电磁辐射类建设项目的上述两类环境影响评价文件时应依法履行相应的告知义务。

首先，环保部门在进行环境影响评价审查时，发现行政许可事项直接关系他人重大利益的，应当告知该利害关系人有权进行陈述和申辩。《行政许可法》第三十六条规定："行政机关对行政许可申请进行审查时，发现行政许可事项直接关系他人重大利益的，应当告知该利害关系人。申请人、利害关系人有权进行陈述和申辩。行政机关应当听取申请人、利害关系人的意见。"

其次，环境影响评价审批直接涉及申请人与他人之间重大利益关系的，环保部门在作出环境影响评价审批前，应当告知利害关系人享有要求听证的权利。《行政许可法》第四十七条规定："行政许可直接涉及申请人与他人之间重大利益关系的，行政机关在作出行政许可决定前，应当告知申请人、利害关系人享有要求听证的权利；申请人、利害关系人在被告知听证权利之日起五日内提出听证申请的，行政机关应当在二十日内组织听证。"

5. 电磁辐射类建设项目环境影响评价中是如何保障公众参与的？

对于编制环境影响报告书的建设项目，法律法规规定建设单位在环境影响评价过程中有征求公众意见及公开的义务。《环境保护法》（2014 修订）第五十六条规定："对依法应当编制环境影响报告书的建设项目，建设单位应当在编制时向可能受影响的公众说明情况，充分征求意见。负责审批建设项目环境影响评价文件的部门在收到建设项目环境影响报告书后，除涉及国家秘密和商业秘密的事项外，应当全文公开；发现建设项目未充分征求公众意见的，应当责成建设单位征求公众意见。"《环境影响评价法》（2018 修正）第二十一条规定："除国家规定需要保密的情形外，对环境可能造成重大影响、应当编制环境影响报告书的建设项目，建设单位应当在报批建设项目环境影响报告书前，举行论证会、听证会，或者采取其他形式，征求有关单位、专家和公众的意见。建设单位报批的环境影响报告书应当附具对有关单位、专家和公众的意见采纳或者不采纳的说明。"

此外，2019 年 1 月 1 日起实施的《环境影响评价公众参与办法》（生态环境部令 第 4 号）对建设项目环境影响评价的公众参与进行了具体规定。

值得注意的是，论证会、听证会并非报批前的必备程序，建设单位亦可通过发布公告、在项目周边区域发放公众调查表等其他形式征求意见，但是需要保留相应的证据予以证实。

6. 哪些情况下电磁辐射类建设项目要重新报批、审核环境影响评价文件？

根据《环境影响评价法》（2018 修正）第二十四条第一款的规定："建设项目的环境影响评价文件经批准后，建设项目的性质、规模、地点、采用的生产工艺或者防治污染、防止生态破坏的措施发生重大变动的，建设单位应当重新报批建设项目的环境影响评价文件。"电磁辐射类建设项目的环境影响评价文件经批准后，建设项目发生重大变动的，建设单位应当重新报批建设项目的环境影响评价文件。

根据该条第二款的规定："建设项目的环境影响评价文件自批准之日起超过五年，方决定该项目开工建设的，其环境影响评价文件应当报原审批部门重新审核；原审批部门应当自收到建设项目环境影响评价文件之日起十日内，将审核意见书面通知建设单位。"电磁辐射类建设项目的环境影响评价文件自批准之日起超过五年，方决定该项目开工建设的，其环境影响评价文件应当报原审批部门重新审核。

7. 如何认定输变电建设项目的重大变动？

依据《关于印发〈输变电建设项目重大变动清单（试行）〉的通知》（环办辐射〔2016〕84 号）的规定，建设单位在项目开工建设前应当对工程最终设计方案与环评方案进行梳理对比，构成重大变动的应当对变动内容进行环境影响评价并重新报批，一般变动只需备案；项目建设过程中如发生重大变动，应当在实施前对变动内容进行环境影响评价并重新报批。

输变电建设项目发生清单中一项或一项以上，且可能导致不利环境影响显著加重的，界定为重大变动，其他变更界定为一般变动。

附：《输变电建设项目重大变动清单（试行）》

1. 电压等级升高。

2. 主变压器、换流变压器、高压电抗器等主要设备总数量增加超过原数量的 30%。

3. 输电线路路径长度增加超过原路径长度的 30%。

4. 变电站、换流站、开关站、串补站站址位移超过 500 米。

5. 输电线路横向位移超出 500 米的累计长度超过原路径长度的 30%。

6. 因输变电工程路径、站址等发生变化，导致进入新的自然保护区、风景名胜区、饮用水水源保护区等生态敏感区。

7. 因输变电工程路径、站址等发生变化，导致新增的电磁和声环境敏感目标超过原数量的 30%。

8. 变电站由户内布置变为户外布置。

9. 输电线路由地下电缆改为架空线路。

10. 输电线路同塔多回架设改为多条线路架设累计长度超过原路径长度的 30%。

8. 如何认定其他电磁辐射类建设项目的重大变动？

除输变电建设项目外的电磁辐射类建设项目，依据《环境影响评价法》（2018 修正）第二十四条的规定，应从建设项目的性质、规模、地点、采用的生产工艺或者防治污染、防止生态破坏的措施判断是否发生重大变动。

关于重大变动的具体判断，《关于印发环评管理中部分行业建设项目重大变动清单的通知》（环办〔2015〕52 号）规定："根据《环境影响评价法》和《建设项目环境保护管理条例》有关规定，建设项目的性质、规模、地点、生产工艺和环境保护措施五个因素中的一项或一项以上发生重大变动，且可能导致环境影响显著变化（特别是不利环境影响加重）的，界定为重大变动。属于重大变动的应当重新报批环境影响评价文件，不属于重大变动的纳入竣工环境保护验收管理。"

9. 各级生态环境主管部门的审批权限如何划分？

建设项目的环境影响报告书、报告表，由建设单位按照国务院的规定报有审批权的生态环境主管部门审批。《环境影响评价法》（2018 修正）第二十二条第一款和第二款规定："建设项目的环境影响报告书、报告表，由建设单位按照国务院的规定报有审批权的生态环境主管部门审批"。"海洋工程建设项目的海洋环境影响报告书的审批，依照《中华人民共和国海洋环境保护法》的规定办理。"

（1）国务院生态环境主管部门的审批权限

国务院生态环境主管部门负责审批环境影响评价文件的建设项目包括：1）核设施、绝密工程等特殊性质的建设项目；2）跨省、自治区、直辖市行政区域的建设项目；3）由国务院审批或核准的建设项目，由国务院授权有关部门审批或核准的建设项目，由国务院有关部门备案的对环境可能造成重大影响的特殊性质的建设项目。

同时，根据《建设项目环境影响评价文件分级审批规定》（2008 修订）的规定，生态环境部可以将法定由其负责审批的部分建设项目环境影响评价文件的审批权限，委托给该项目所在地的省级生态环境主管部门。

2019 年 2 月 26 日，生态环境部发布《生态环境部审批环境影响评价文件的建设项目目录（2019 年本）》，明确"电网工程：跨境、跨省（区、市）（±）500千伏及以上交直流输变电项目"以及"电磁辐射设施：由国务院或国务院有关部门审批的电磁辐射设施及工程"的环境影响评价文件应由生态环境部负责审批。

【法条链接】

《环境影响评价法》（2018 修正）

第二十三条第一款 国务院生态环境主管部门负责审批下列建设项目的环境影响评价文件：

（一）核设施、绝密工程等特殊性质的建设项目；

（二）跨省、自治区、直辖市行政区域的建设项目；

（三）由国务院审批的或者由国务院授权有关部门审批的建设项目。

《建设项目环境影响评价文件分级审批规定》（2008 修订）

第五条 环境保护部负责审批下列类型的建设项目环境影响评价文件：

（一）核设施、绝密工程等特殊性质的建设项目；

（二）跨省、自治区、直辖市行政区域的建设项目；

（三）由国务院审批或核准的建设项目，由国务院授权有关部门审批或核准的建设项目，由国务院有关部门备案的对环境可能造成重大影响的特殊性质的建设项目。

第六条 环境保护部可以将法定由其负责审批的部分建设项目环境影响评价文件的审批权限，委托给该项目所在地的省级环境保护部门，并应当向社会公告。

受委托的省级环境保护部门，应当在委托范围内，以环境保护部的名义审批环境影响评价文件。

受委托的省级环境保护部门不得再委托其他组织或者个人。

环境保护部应当对省级环境保护部门根据委托审批环境影响评价文件的行为负责监督，并对该审批行为的后果承担法律责任。

（2）其他建设项目的审批

除依法规定应当由国务院生态环境主管部门负责审批环境影响评价文件的建设项目外，其他建设项目的环境影响评价文件的审批权限，由省级生态环境主管部门参照《建设项目环境影响评价文件分级审批规定》（2008 修订）第四条及第八条的原则提出分级审批建议，报省级人民政府批准后实施，并抄报生态环境部。

提示注意：建设项目可能造成跨行政区域的不良环境影响，有关生态环境主管部门对该项目的环境影响评价结论有争议的，其环境影响评价文件由共同的上一级生态环境主管部门审批。

【法条链接】

《环境影响评价法》（2018 修正）

第二十三条第二款 前款规定以外的建设项目的环境影响评价文件的审批权限，由省、自治区、直辖市人民政府规定。

《建设项目环境影响评价文件分级审批规定》（2008 修订）

第四条 建设项目环境影响评价文件的分级审批权限，原则上按照建设项目的审批、核准和备案权限及建设项目对环境的影响性质和程度确定。

第八条 第五条规定以外的建设项目环境影响评价文件的审批权限，由省级环境保护部门参照第四条及下述原则提出分级审批建议，报省级人民政府批准后实施，并抄报环境保护部。

（一）有色金属冶炼及矿山开发、钢铁加工、电石、铁合金、焦炭、垃圾焚烧及发电、制浆等对环境可能造成重大影响的建设项目环境影响评价文件由省级环境保护部门负责审批。

（二）化工、造纸、电镀、印染、酿造、味精、柠檬酸、酶制剂、酵母等污染较重的建设项目环境影响评价文件由省级或地级市环境保护部门负责审批。

（三）法律和法规关于建设项目环境影响评价文件分级审批管理另有规定的，按照有关规定执行。

《环境影响评价法》（2018 修正）

第二十三条第三款　建设项目可能造成跨行政区域的不良环境影响，有关生态环境主管部门对该项目的环境影响评价结论有争议的，其环境影响评价文件由共同的上一级生态环境主管部门审批。

10．环境影响评价文件的审批时限规定有多久？

根据相关法律规定，审批部门应当自收到环境影响报告书之日起 60 日内，收到环境影响报告表之日起 30 日内，分别作出审批决定并书面通知建设单位。依法需要进行听证、专家评审和技术评估的，所需时间不计算在规定的期限内。

【法条链接】

《环境影响评价法》（2018 修正）

第二十二条第三款　审批部门应当自收到环境影响报告书之日起六十日内，收到环境影响报告表之日起三十日内，分别作出审批决定并书面通知建设单位。

《行政许可法》

第四十五条　行政机关作出行政许可决定，依法需要听证、招标、拍卖、检验、检测、检疫、鉴定和专家评审的，所需时间不计算在本节规定的期限内。行政机关应当将所需时间书面告知申请人。

《环境保护总局建设项目环境影响评价文件审批程序规定》（国家环境保护总局令　第 29 号）

第二十条　依法需要进行听证、专家评审和技术评估的，所需时间不计算在本章规定的期限内。

11．环境影响登记表应该如何办理备案手续？

根据《建设项目环境保护管理条例》（2017 修订）第九条第四款的规定："依法应当填报环境影响登记表的建设项目，建设单位应当按照国务院环境保护行政主管部门的规定将环境影响登记表报建设项目所在地县级环境保护行政主管部门备案。"

（1）备案方式：网上备案

根据《建设项目环境影响登记表备案管理办法》第七条的规定，建设项目环境影响登记表备案采用网上备案方式。对国家规定需要保密的建设项目，建设项目环境影响登记表备案采用纸质备案方式。

（2）备案时间：在建设项目建成并投入生产运营前

根据《建设项目环境影响登记表备案管理办法》第九条的规定，建设单位应当在建设项目建成并投入生产运营前，登录网上备案系统，在网上备案系统注册真实信息，在线填报并提交建设项目环境影响登记表。

（3）备案要求

根据《建设项目环境影响登记表备案管理办法》第十条的规定，建设单位在办理建设项目环境影响登记表备案手续时，应当认真查阅、核对《建设项目环境影响评价分类管理名录》，确认其备案的建设项目属于按照《建设项目环境影响评价分类管理名录》规定应当填报环境影响登记表的建设项目。

对按照《建设项目环境影响评价分类管理名录》规定应当编制环境影响报告书或者报告表的建设项目，建设单位不得擅自降低环境影响评价等级，填报环境影响登记表并办理备案手续。

除此之外，建设单位填报建设项目环境影响登记表时，应当同时就其填报的环境影响登记表内容的真实、准确、完整作出承诺，并在登记表中的相应栏目由该建设单位的法定代表人或者主要负责人签署姓名。

（4）备案回执

根据《建设项目环境影响登记表备案管理办法》第十二条的规定，建设项目环境影响登记表备案回执是环境保护主管部门（现为生态环境主管部门）确认收到建设单位环境影响登记表的证明。

建设单位在线提交环境影响登记表后，网上备案系统自动生成备案编号和回执，该建设项目环境影响登记表备案即为完成。建设单位可以自行打印留存其填报的建设项目环境影响登记表及建设项目环境影响登记表备案回执。

（5）备案变更

根据《建设项目环境影响登记表备案管理办法》第十三条的规定，建设项目环境影响登记表备案完成后，建设单位或者其法定代表人或者主要负责人在建设项目建成并投入生产运营前发生变更的，建设单位应当依照本办法规定再次办理备案手续。

12. 环境影响评价文件编制不符合规范、结论错误的，怎么处理？

生态环境主管部门应加强对环境影响评价文件的技术审查，在环评批复中应依法履职，不得批准结论可能错误的建设项目环境影响评价文件。《行政许可法》第十条规定："县级以上人民政府应当建立健全对行政机关实施行政许可的监督制度，加强对行政机关实施行政许可的监督检查。行政机关应当对公民、法人或者其他组织从事行政许可事项的活动实施有效监督。"《行政许可法》第六十条规定："上级行政机关应当加强对下级行政机关实施行政许可的监督检查，及时纠正行政许可实施中的违法行为。"

针对建设单位，《环境影响评价法》（2018 修正）第三十二条第一款规定："建设项目环境影响报告书、环境影响报告表存在基础资料明显不实，内容存在重大缺陷、遗漏或者虚假，环境影响评价结论不正确或者不合理等严重质量问题的，由设区的市级以上人民政府生态环境主管部门对建设单位处五十万元以上二百万元以下的罚款，并对建设单位的法定代表人、主要负责人、直接负责的主管人员和其他直接责任人员，处五万元以上二十万元以下的罚款。"

针对接受委托编制建设项目环境影响报告书、环境影响报告表的技术单位，

《环境影响评价法》（2018 修正）第三十二条第二款规定："接受委托编制建设项目环境影响报告书、环境影响报告表的技术单位违反国家有关环境影响评价标准和技术规范等规定，致使其编制的建设项目环境影响报告书、环境影响报告表存在基础资料明显不实，内容存在重大缺陷、遗漏或者虚假，环境影响评价结论不正确或者不合理等严重质量问题的，由设区的市级以上人民政府生态环境主管部门对技术单位处所收费用三倍以上五倍以下的罚款；情节严重的，禁止从事环境影响报告书、环境影响报告表编制工作；有违法所得的，没收违法所得。"

此外，《环境影响评价法》（2018 修正）第三十二条第三款规定："编制单位有本条第一款、第二款规定的违法行为的，编制主持人和主要编制人员五年内禁止从事环境影响报告书、环境影响报告表编制工作；构成犯罪的，依法追究刑事责任，并终身禁止从事环境影响报告书、环境影响报告表编制工作。"

13. 未批先建项目是否允许补交环境影响评价文件报送审批？

根据《环境影响评价法》（2002）第三十一条的规定，建设单位未依法报批擅自开工建设的，应停止建设，限期补办手续。

虽然现行法律取消了限期补办的有关规定，但这并不影响建设单位补办环评手续的权利。实践中，生态环境主管部门在行政文书中不应体现"限期补办"的字样，但建设单位若想要继续该项目的建设就必须要补办环评手续。

【法条链接】

《关于加强"未批先建"建设项目环境影响评价管理工作的通知》（环办环评〔2018〕18 号）

三、环保部门应当按照本通知第一条、第二条规定对"未批先建"等违法行为作出处罚，建设单位主动报批环境影响报告书（表）的，有审批权的环保部门应当受理，并根据技术评估和审查结论分别作出相应处理：

（一）对符合环境影响评价审批要求的，依法作出批准决定，并出具审批文件。

（二）对存在《建设项目环境保护管理条例》第十一条所列情形之一的，环保部门依法不予批准该项目环境影响报告书（表），并可以依法责令恢复原状。

《关于建设项目"未批先建"违法行为法律适用问题的意见》（环政法函〔2018〕31号）

三、关于建设单位可否主动补交环境影响报告书、报告表报送审批

（一）新环境保护法和新环境影响评价法并未禁止建设单位主动补交环境影响报告书、报告表报送审批

对"未批先建"违法行为，2014年修订的新环境保护法第六十一条增加了处罚条款，该条款与环境影响评价法（2002年）第三十一条相比，未规定"责令限期补办手续"的内容；2016年修正的环境影响评价法第三十一条，亦删除了原环境影响评价法"限期补办手续"的规定。不再将"限期补办手续"作为行政处罚的前置条件，但并未禁止建设单位主动补交环境影响报告书、报告表报送审批。

（二）建设单位主动补交环境影响报告书、报告表并报送环保部门审查的，有权审批的环保部门应当受理

因"未批先建"违法行为受到环保部门依据新环境保护法和新环境影响评价法作出的处罚，或者"未批先建"违法行为自建设行为终了之日起二年内未被发现而未予行政处罚的，建设单位主动补交环境影响报告书、报告表并报送环保部门审查的，有权审批的环保部门应当受理，并根据不同情形分别作出相应处理：

1. 对符合环境影响评价审批要求的，依法作出批准决定。

2. 对不符合环境影响评价审批要求的，依法不予批准，并可以依法责令恢复原状。

建设单位同时存在违反"三同时"验收制度、超过污染物排放标准排污等违法行为的，应当依法予以处罚。

14．生态环境主管部门违反法定程序作出的环评审批是否必然被撤销？

根据《行政许可法》第六十九条第三款的规定："依照前两款的规定撤销行政许可，可能对公共利益造成重大损害的，不予撤销。"如果撤销可能对公共利益造成重大损害，生态环境主管部门违反法定程序作出的环评审批并不必然会被撤销。

【法条链接】

《行政许可法》

第六十九条　有下列情形之一的，作出行政许可决定的行政机关或者其上级行政机关，根据利害关系人的请求或者依据职权，可以撤销行政许可：

（一）行政机关工作人员滥用职权、玩忽职守作出准予行政许可决定的；

（二）超越法定职权作出准予行政许可决定的；

（三）违反法定程序作出准予行政许可决定的；

（四）对不具备申请资格或者不符合法定条件的申请人准予行政许可的；

（五）依法可以撤销行政许可的其他情形。

被许可人以欺骗、贿赂等不正当手段取得行政许可的，应当予以撤销。

依照前两款的规定撤销行政许可，可能对公共利益造成重大损害的，不予撤销。

依照本条第一款的规定撤销行政许可，被许可人的合法权益受到损害的，行政机关应当依法给予赔偿。依照本条第二款的规定撤销行政许可的，被许可人基于行政许可取得的利益不受保护。

《建设项目环境影响评价文件分级审批规定》（2008 修订）

第十条　下级环境保护部门超越法定职权、违反法定程序或者条件做出环境影响评价文件审批决定的，上级环境保护部门可以按照下列规定处理：

（一）依法撤销或者责令其撤销超越法定职权、违反法定程序或者条件做出的环境影响评价文件审批决定。……

二、建设项目"三同时"及后评价（事中事后监管）

（一）建设项目的"三同时"制度

1. 电磁辐射类建设项目的"三同时"制度要求是什么？

《环境保护法》（2014 修订）第四十一条规定："建设项目中防治污染的设施，应当与主体工程同时设计、同时施工、同时投产使用。防治污染的设施应当符合经批准的环境影响评价文件的要求，不得擅自拆除或者闲置。"该规定简称建设项目"三同时"。电磁辐射类建设项目亦应当遵守上述"三同时"制度要求。

同时设计，主要指建设项目的设计方案中必有环境保护内容。同时施工，是指建设单位在建设主体工程时要将设计方案中的环境保护要求付诸实施，同时组织、安排和实施环境保护设施的建设。同时投产，是指建设项目的环境保护设施经验收合格后，建设项目方可正式投入生产使用，亦环保设施与主体工程同时投入生产使用。

《建设项目环境保护管理条例》（2017 修订）第十六条对设计和施工环节提出了具体要求，该条规定："建设项目的初步设计，应当按照环境保护设计规范的要求，编制环境保护篇章，落实防治环境污染和生态破坏的措施以及环境保护设施投资概算。建设单位应当将环境保护设施建设纳入施工合同，保证环境保护设施建设进度和资金，并在项目建设过程中同时组织实施环境影响报告书、环境影响报告表及其审批部门审批决定中提出的环境保护对策措施。"

《建设项目环境保护管理条例》（2017 修订）第十七条对竣工验收环节提出了具体要求，该条规定："编制环境影响报告书、环境影响报告表的建设项目竣工后，建设单位应当按照国务院环境保护行政主管部门规定的标准和程序，对配套建设的环境保护设施进行验收，编制验收报告。"

【法条链接】

《环境保护法》（2014 修订）

第四十一条　建设项目中防治污染的设施，应当与主体工程同时设计、同时施工、同时投产使用。防治污染的设施应当符合经批准的环境影响评价文件的要求，不得擅自拆除或者闲置。

《建设项目环境保护管理条例》（2017 修订）

第十五条　建设项目需要配套建设的环境保护设施，必须与主体工程同时设计、同时施工、同时投产使用。

2. 法律对电磁辐射类建设项目"三同时"制度情况检查主体的检查要求如何？

根据《建设项目环境保护管理条例》（2017 修订）第二十条的规定，环境保护行政主管部门（现为生态环境主管部门）应当对建设项目环境保护设施设计、施工、验收、投入生产或者使用情况，以及有关环境影响评价文件确定的其他环境保护措施的落实情况，进行监督检查。同时，环境保护行政主管部门（现为生态环境主管部门）应当将建设项目有关环境违法信息记入社会诚信档案，及时向社会公开违法者名单。

（二）建设项目的验收程序

1. 电磁辐射类建设项目环境保护设施竣工验收主体及程序规定如何？

（1）原则上由建设单位对配套建设的环境保护设施进行验收

建设单位是建设项目竣工环境保护验收的责任主体。编制环境影响报告书及环境影响报告表的电磁辐射类建设项目竣工后，建设单位应当依法对配套建设的环境保护设施进行验收，编制验收报告。

【法条链接】

《建设项目环境保护管理条例》（2017 修订）

第十七条　编制环境影响报告书、环境影响报告表的建设项目竣工后，建设单位应当按照国务院环境保护行政主管部门规定的标准和程序，对配套建设的环境保护设施进行验收，编制验收报告。

建设单位在环境保护设施验收过程中，应当如实查验、监测、记载建设项目环境保护设施的建设和调试情况，不得弄虚作假。

除按照国家规定需要保密的情形外，建设单位应当依法向社会公开验收报告。

《建设项目竣工环境保护验收暂行办法》

第四条　建设单位是建设项目竣工环境保护验收的责任主体，应当按照本办法规定的程序和标准，组织对配套建设的环境保护设施进行验收，编制验收报告，公开相关信息，接受社会监督，确保建设项目需要配套建设的环境保护设施与主体工程同时投产或者使用，并对验收内容、结论和所公开信息的真实性、准确性和完整性负责，不得在验收过程中弄虚作假。

环境保护设施是指防治环境污染和生态破坏以及开展环境监测所需的装置、设备和工程设施等。

验收报告分为验收监测（调查）报告、验收意见和其他需要说明的事项等三项内容。

（2）如果涉及固体废物污染防治设施，在法律修改前仍需经原审批环境影响报告书的环境保护行政主管部门验收

根据《关于发布〈建设项目竣工环境保护验收暂行办法〉的公告》（国环规环评〔2017〕4 号）的规定，建设项目需要配套建设水、噪声或者固体废物污染防治设施的，新修改的《中华人民共和国水污染防治法》生效实施前或者《中华人民共和国固体废物污染环境防治法》《中华人民共和国环境噪声污染防治法》修改完成前，应依法由环境保护部门对建设项目水、噪声或者固体废物污染防治设施进行验收。

2018 年 12 月 29 日，中华人民共和国第十三届全国人民代表大会常务委员会第七次会议通过《全国人民代表大会常务委员会关于修改〈中华人民共和国劳动法〉等七部法律的决定》，该决定自公布之日起施行。上述修改决定将《环境噪声污染防治法》第十四条第二款中的"经原审批环境影响报告书的环境保护行政主管部门验收"修改为"按照国家规定的标准和程序进行验收"。

因此，在《中华人民共和国固体废物污染环境防治法》修改之前，电磁辐射类建设项目中的固体废物污染防治设施（如有），仍应由生态环境主管部分履行竣工环保验收手续。

【法条链接】

《环境噪声污染防治法》（2018 修正）

第十四条第二款　建设项目在投入生产或者使用之前，其环境噪声污染防治设施必须按照国家规定的标准和程序进行验收；达不到国家规定要求的，该建设项目不得投入生产或者使用。

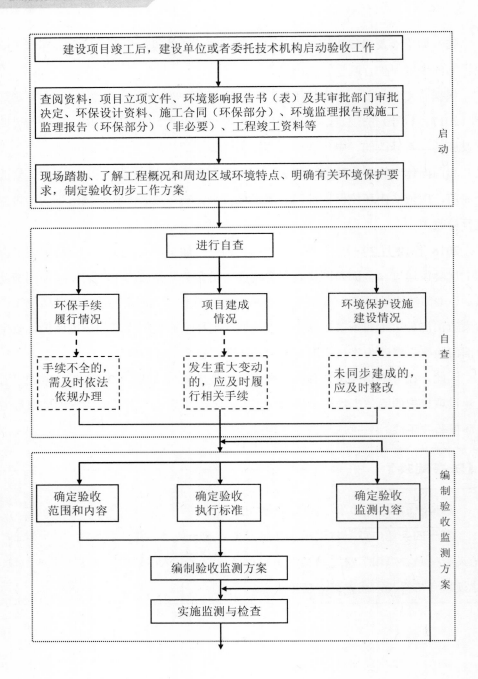

建设项目竣工后，建设单位或者委托技术机构启动验收工作

查阅资料：项目立项文件、环境影响报告书（表）及其审批部门审批决定、环保设计资料、施工合同（环保部分）、环境监理报告或施工监理报告（环保部分）（非必要）、工程竣工资料等

现场踏勘、了解工程概况和周边区域环境特点、明确有关环境保护要求，制定验收初步工作方案

启动

进行自查

环保手续履行情况

项目建成情况

环境保护设施建设情况

手续不全的，需及时依法依规办理

发生重大变动的，应及时履行相关手续

未同步建成的，应及时整改

自查

确定验收范围和内容

确定验收执行标准

确定验收监测内容

编制验收监测方案

实施监测与检查

编制验收监测方案

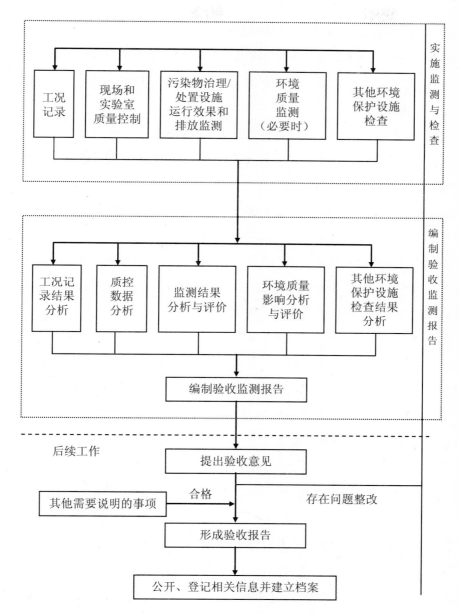

图 2-2　验收工作程序图

（摘自《建设项目竣工环境保护验收技术指南　污染影响类》）

2. 建设项目配套建设环保设施的验收条件是什么？

建设项目竣工，确保建设项目需要配套建设的环境保护设施与主体工程均已建设完成，建设单位应当组织对配套建设的环境保护设施进行验收，编制验收报告，公开相关信息。

《建设项目竣工环境保护验收暂行办法》第五条规定："建设项目竣工后，建设单位应当如实查验、监测、记载建设项目环境保护设施的建设和调试情况，编制验收监测（调查）报告。

以排放污染物为主的建设项目，参照《建设项目竣工环境保护验收技术指南 污染影响类》编制验收监测报告；主要对生态造成影响的建设项目，按照《建设项目竣工环境保护验收技术规范 生态影响类》编制验收调查报告；火力发电、石油炼制、水利水电、核与辐射等已发布行业验收技术规范的建设项目，按照该行业验收技术规范编制验收监测报告或者验收调查报告。

建设单位不具备编制验收监测（调查）报告能力的，可以委托有能力的技术机构编制。建设单位对受委托的技术机构编制的验收监测（调查）报告结论负责。建设单位与受委托的技术机构之间的权利义务关系，以及受委托的技术机构应当承担的责任，可以通过合同形式约定。"

针对输变电工程，环境保护部于 2014 年 12 月 20 日发布《建设项目竣工环境保护验收技术规范 输变电工程》（HJ 705—2014），按照该行业验收技术规范编制验收监测报告或者验收调查报告。

3. 建设单位应该如何开展环境保护设施验收？

编制环境影响报告书、环境影响报告表的建设项目竣工后，建设单位应当按照国务院环境保护行政主管部门规定的标准和程序，对配套建设的环境保护设施进行验收，编制验收报告，公开相关信息，接受社会监督，确保建设项目需要配套建设的环境保护设施与主体工程同时投产或者使用，并对验收内容、结论和所公开信息的真实性、准确性和完整性负责，不得在验收过程中弄虚作假。

　　验收报告分为验收监测（调查）报告、验收意见和其他需要说明的事项等三项内容。建设单位验收组织程序如图 2-3 所示。

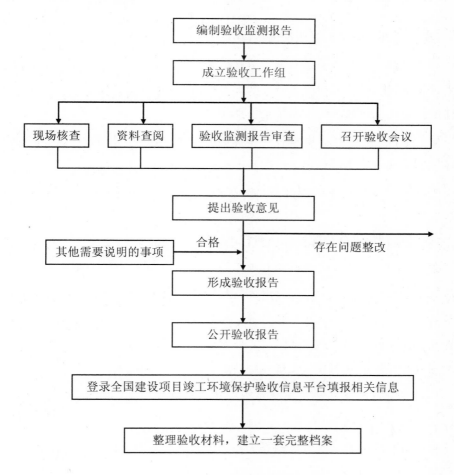

图 2-3　建设单位验收组织程序框图

（摘自《建设项目竣工环境保护验收技术指南　污染影响类》）

【法条链接】

《建设项目环境保护管理条例》（2017 修订）

第十七条　编制环境影响报告书、环境影响报告表的建设项目竣工后，建设单位应当按照国务院环境保护行政主管部门规定的标准和程序，对配套建设的环境保护设施进行验收，编制验收报告。

建设单位在环境保护设施验收过程中，应当如实查验、监测、记载建设项目环境保护设施的建设和调试情况，不得弄虚作假。

除按照国家规定需要保密的情形外，建设单位应当依法向社会公开验收报告。

《建设项目竣工环境保护验收暂行办法》

第四条　建设单位是建设项目竣工环境保护验收的责任主体，应当按照本办法规定的程序和标准，组织对配套建设的环境保护设施进行验收，编制验收报告，公开相关信息，接受社会监督，确保建设项目需要配套建设的环境保护设施与主体工程同时投产或者使用，并对验收内容、结论和所公开信息的真实性、准确性和完整性负责，不得在验收过程中弄虚作假。

环境保护设施是指防治环境污染和生态破坏以及开展环境监测所需的装置、设备和工程设施等。

验收报告分为验收监测（调查）报告、验收意见和其他需要说明的事项等三项内容。

第五条　建设项目竣工后，建设单位应当如实查验、监测、记载建设项目环境保护设施的建设和调试情况，编制验收监测（调查）报告。

以排放污染物为主的建设项目，参照《建设项目竣工环境保护验收技术指南 污染影响类》编制验收监测报告；主要对生态造成影响的建设项目，按照《建设项目竣工环境保护验收技术规范 生态影响类》编制验收调查报告；火力发电、石油炼制、水利水电、核与辐射等已发布行业验收技术规范的建设项目，按照该行业验收技术规范编制验收监测报告或者验收调查报告。

建设单位不具备编制验收监测（调查）报告能力的，可以委托有能力的技术机构编制。建设单位对受委托的技术机构编制的验收监测（调查）报告结论负责。建设单位与受委托的技术机构之间的权利义务关系，以及受委托的技术机构应当承担的责任，可以通过合同形式约定。

第七条 验收监测（调查）报告编制完成后，建设单位应当根据验收监测（调查）报告结论，逐一检查是否存在本办法第八条所列验收不合格的情形，提出验收意见。存在问题的，建设单位应当进行整改，整改完成后方可提出验收意见。

验收意见包括工程建设基本情况、工程变动情况、环境保护设施落实情况、环境保护设施调试效果、工程建设对环境的影响、验收结论和后续要求等内容，验收结论应当明确该建设项目环境保护设施是否验收合格。

建设项目配套建设的环境保护设施经验收合格后，其主体工程方可投入生产或者使用；未经验收或者验收不合格的，不得投入生产或者使用。

4．建设单位应该如何向社会公开竣工验收情况？

根据《建设项目竣工环境保护验收暂行办法》第十一条的规定，除按照国家需要保密的情形外，建设单位应当通过其网站或其他便于公众知晓的方式，向社会公开下列信息：

（1）建设项目配套建设的环境保护设施竣工后，公开竣工日期。

（2）对建设项目配套建设的环境保护设施进行调试前，公开调试的起止日期。

（3）验收报告编制完成后 5 个工作日内，公开验收报告，公示的期限不得少于 20 个工作日。

建设单位公开上述信息的同时，应当向所在地县级以上环境保护主管部门报送相关信息，并接受监督检查。

（三）建设项目的"后评价"制度

1. 什么是环境影响"后评价"制度？

根据《环境影响评价法》（2018修正）第二十七条的规定："在项目建设、运行过程中产生不符合经审批的环境影响评价文件的情形的，建设单位应当组织环境影响的后评价，采取改进措施，并报原环境影响评价文件审批部门和建设项目审批部门备案；原环境影响评价文件审批部门也可以责成建设单位进行环境影响的后评价，采取改进措施。"只要项目建设、运行过程中产生不符合经审批的环境影响评价文件的情形的，建设单位应当组织环境影响后评价，同时，原环境影响评价文件审批部门也可以责成建设单位进行环境影响的后评价。

此外，《建设项目环境保护管理条例》（2017修订）第十九条规定，编制环境影响报告书、环境影响报告表的建设项目投入生产或者使用后，应当按照国务院环境保护行政主管部门（现为生态环境部）的规定开展环境影响后评价。

根据《建设项目环境影响后评价管理办法（试行）》第二条的规定，环境影响后评价，是指编制环境影响报告书的建设项目在通过环境保护设施竣工验收且稳定运行一定时期后，对其实际产生的环境影响以及污染防治、生态保护和风险防范措施的有效性进行跟踪监测和验证评价，并提出补救方案或者改进措施，提高环境影响评价有效性的方法与制度。

2. 哪些电磁辐射类建设项目需要开展环境影响"后评价"？

现行法律并未就电磁辐射类建设项目"后评价"进行专章规定，因此应当适用《环境影响评价法》（2018修正）、《建设项目环境保护管理条例》（2017修订）以及《建设项目环境影响后评价管理办法（试行）》的相关规定。

首先，在项目建设、运行过程中产生不符合经审批的环境影响评价文件的情形的，建设单位应当组织环境影响的后评价。

其次，审批环境影响报告书的环境保护主管部门（现为生态环境主管部门）认为应当开展环境影响后评价的其他建设项目，运行过程中产生不符合经审批的环境影响报告书情形的，应当开展环境影响后评价。

最后，原环境影响评价文件审批部门也可以责成建设单位进行环境影响的后评价。

三、行政处罚

（一）基本概念

1．导致电磁辐射类建设项目遭受行政处罚的主要情形有哪些？

依据《环境保护法》《环境影响评价法》《建设项目环境保护管理条例》等相关法律法规的规定，电磁辐射类建设项目相关的行政处罚主要涉及违反建设项目审批及备案、建设项目"三同时"及后评价（事中事后监管）等情形。

2．环境行政处罚的作出主体规定如何？

根据《行政处罚法》的相关规定，实施行政处罚的主体包括有行政处罚权的行政机关、法律法规授权的组织，以及行政机关依照法律、法规或者规章的规定而在其法定权限内委托的符合《行政处罚法》第十九条规定条件的组织。

《环境行政处罚办法》（2010 修订）规定，县级以上环境保护主管部门（现为生态环境主管部门）在法定职权范围内实施环境行政处罚，经法律、行政法规、地方性法规授权的环境监察机构在授权范围内实施环境行政处罚。同时，环境保护主管部门（现为生态环境主管部门）可以在其法定职权范围内委托环境监察机构实施行政处罚。

《大气污染防治法》（2018 年修正）中明确了生态环境主管部门下属环境执法机构的监督检查权限。实务中，我们仍需关注生态环境保护综合行政执法改革进展以及对相关行政处罚权限的规定。

【法条链接】

《大气污染防治法》（2018 年修正）

第二十九条　生态环境主管部门及其环境执法机构和其他负有大气环境保护监督管理职责的部门，有权通过现场检查监测、自动监测、遥感监测、远红外摄像等方式，对排放大气污染物的企业事业单位和其他生产经营者进行监督检查。

《环境行政处罚办法》（2010 修订）

第十四条　县级以上环境保护主管部门在法定职权范围内实施环境行政处罚。

经法律、行政法规、地方性法规授权的环境监察机构在授权范围内实施环境行政处罚，适用本办法关于环境保护主管部门的规定。

第十五条　环境保护主管部门可以在其法定职权范围内委托环境监察机构实施行政处罚。受委托的环境监察机构在委托范围内，以委托其处罚的环境保护主管部门名义实施行政处罚。委托处罚的环境保护主管部门，负责监督受委托的环境监察机构实施行政处罚的行为，并对该行为的后果承担法律责任。

3. 责令停止违法行为的行政命令应当何时作出？

目前法律法规对作出责令停止违法行为的时间并无强制规定。通常，行政相对人继续实施违法行为的话，会导致对生态环境的进一步破坏。因此，建议环境执法人员发现环境违法行为的第一时间即应作出责令停止违法行为的行政命令。

4．对数个违法行为是否可以一并处罚？

法律并未限制在同一决定书中对数个违法一并进行行政处罚，但为了避免因针对某一违法行为的行政处罚不当而对其他行政处罚产生不利影响，建议针对不同违法行为进行行政处罚时分别作出决定书。

5．环境标准在环境行政处罚中如何适用？

环境标准是对某些环境要素所作的统一的、法定的和技术的规定，用来规定环境保护技术工作，考核环境保护和污染防治的效果。环境标准具有法律效力，同时也是进行环境规划、环境管理、环境评价和城市建设的依据。

《环境标准管理办法》第五条规定，环境标准分为强制性环境标准和推荐性环境标准。环境质量标准、污染物排放标准和法律、行政法规规定必须执行的其他环境标准属于强制性环境标准，强制性环境标准必须执行。强制性环境标准以外的环境标准属于推荐性环境标准。国家鼓励采用推荐性环境标准，推荐性环境标准被强制性环境标准引用，也必须强制执行。

在实施环境行政处罚适用标准时还需要注意的是：关于标准的制定，虽然《标准化法》（2017 修订）第十条第四款规定："强制性国家标准由国务院批准发布或者授权批准发布。"但该条第五款同时规定："法律、行政法规和国务院决定对强制性标准的制定另有规定的，从其规定。"就环境标准而言，《环境保护法》（2014 修订）第十五条明确规定："国务院环境保护主管部门制定国家环境质量标准。省、自治区、直辖市人民政府对国家环境质量标准中未作规定的项目，可以制定地方环境质量标准；对国家环境质量标准中已作规定的项目，可以制定严于国家环境质量标准的地方环境质量标准。地方环境质量标准应当报国务院环境保护主管部门备案。国家鼓励开展环境基准研究。"第十六条规定："国务院环境保护主管部门根据国家环境质量标准和国家经济、技术条件，制定国家污染物排放标准。省、自治区、直辖市人民政府对国家污染物排放标准中未作规定的项目，可以制定地方污染物排放标准；对国家污染物排放标准中已作规定的项目，可以制定严于国家污染物排放标准的地方污染物排放标准。地方污染物排放标准应当报国务院环境保护主管部门备案。"因此，法律已授权省级人民政府制定比国家标准更为严格的环境质量标准、污染物排放标准，亦即在有更严格的地方环境质量标准或污染物排放标准的情况下，应当执行地方标准。

6．同一行为违反不同法规时该如何适用？

根据《环境行政处罚办法》（2010 修订）第九条的规定，当事人的一个违法行为同时违反两个以上环境法律、法规或者规章条款，应当适用效力等级较高的法律、法规或者规章；效力等级相同的，可以适用处罚较重的条款。

7．法律、法规及规章之间冲突时如何适用？

一般情况下环境行政处罚需要遵守如下法律适用规则：

（1）上位法优于下位法；

（2）同位阶的法律规范具有同等法律效力，在各自的权限范围内实施；

（3）特别法优于一般法。同一法律、行政法规、地方性法规、自治条例和单行条例、规章内的不同条文对相同事项有一般规定和特别规定的，优先适用特别规定；

（4）新法优于旧法；

（5）不溯及既往。

除上述适用原则外，原环境保护部（现为生态环境部）《规范环境行政处罚自由裁量权若干意见》（环发〔2009〕24 号）对地方法规、地方政府规章以及部门规章在实际适用中可能出现的问题也作了原则性的规定：

（1）地方法规优先适用情形

环境保护地方性法规或者地方政府规章依据环境保护法律或者行政法规的授权，并根据本行政区域的实际情况作出的具体规定，与环保部门规章对同一事项规定不一致的，应当优先适用环境保护地方性法规或者地方政府规章。

（2）部门规章优先适用情形

环保部门规章依据法律、行政法规的授权作出的实施性规定，或者环保部门规章对于尚未制定法律、行政法规而国务院授权的环保事项作出的具体规定，与环境保护地方性法规或者地方政府规章对同一事项规定不一致的，应当优先适用环保部门规章。

（3）部门规章冲突情形下的适用规则

环保部门规章与国务院其他部门制定的规章之间，对同一事项的规定不一致的，应当优先适用根据专属职权制定的规章；

两个以上部门联合制定的规章，优先于一个部门单独制定的规章；

不能确定如何适用的，应当按程序报请国务院裁决。

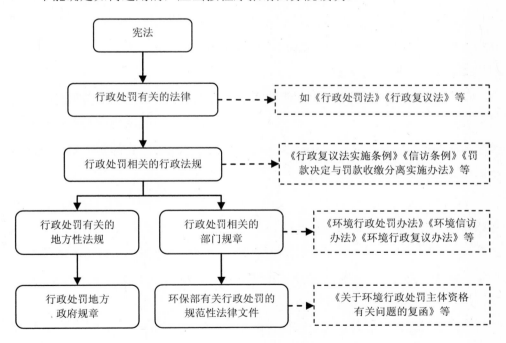

图2-4 行政处罚相关法律法规规章的适用

8. 环境行政处罚追溯时效如何？

这个问题涉及的是行政处罚的时效。根据《行政处罚法》第二十九条的规定："违法行为在二年内未被发现的，不再给予行政处罚。法律另有规定的除外。前款规定的期限，从违法行为发生之日起计算；违法行为有连续或者继续状态的，从行为终了之日起计算。"如违反《环境影响评价法》规定的未批先建行为，在未依法履行环评义务之前，应视为处于继续状态。

9. 对屡查屡犯的环境违法行为多次处罚是否违反"一事不再罚"？

《行政处罚法》第二十四条规定："对当事人的同一个违法行为，不得给予两次以上罚款的行政处罚。"该限定是对同一违法行为不得给予两次行政处罚，而屡查屡犯的环境违法行为只能说违法行为性质相同，具体需要看违法行为是否为每次独立的行为。若违法行为是独立的，或者根据法律规定可以认定为独立的，则可以继续进行处罚，并不违反"一事不再罚"的原则。

《环境行政处罚办法》（2010 修订）第十一条规定："环境保护主管部门实施行政处罚时，应当及时作出责令当事人改正或者限期改正违法行为的行政命令。责令改正期限届满，当事人未按要求改正，违法行为仍处于继续或者连续状态的，可以认定为新的环境违法行为。"

需特别注意的是：生态环境主管部门实施行政处罚时未作出责令改正或者限期改正违法行为的行政命令的，若当事人的违法行为仍处于继续或者连续状态的，只能视为同一违法行为，不得再次进行行政处罚。但是，此时，生态环境主管部门仍可继续作出责令改正或者限期改正违法行为的行政命令。

10. 环境行政处罚过程中对执法人员有何基本要求？

相关法律法规对环境行政执法人员有以下基本要求。

（1）执法人员不少于两人，并出示证件

《行政处罚法》第三十七条规定："行政机关在调查或者进行检查时，执法人员不得少于两人，并应当向当事人或者有关人员出示证件。"

《环境行政处罚办法》（2010 修订）第二十八条规定："调查取证时，调查人员不得少于两人，并应当出示中国环境监察证或者其他行政执法证件。"

《环境行政处罚办法》（2010 修订）第五十九条规定："当场作出行政处罚决定时，环境执法人员不得少于两人，并应遵守下列简易程序：

（一）执法人员应向当事人出示中国环境监察证或者其他行政执法证件；

（二）现场查清当事人的违法事实，并依法取证；

（三）向当事人说明违法的事实、行政处罚的理由和依据、拟给予的行政处罚，告知陈述、申辩权利；

（四）听取当事人的陈述和申辩；

（五）填写预定格式、编有号码、盖有环境保护主管部门印章的行政处罚决定书，由执法人员签名或者盖章，并将行政处罚决定书当场交付当事人；

（六）告知当事人如对当场作出的行政处罚决定不服，可以依法申请行政复议或者提起行政诉讼。

以上过程应当制作笔录。

执法人员当场作出的行政处罚决定，应当在决定之日起 3 个工作日内报所属环境保护主管部门备案。"

（2）案件回避要求

《环境行政处罚办法》（2010 修订）第八条规定："有下列情形之一的，案件承办人员应当回避：（一）是本案当事人或者当事人近亲属的；（二）本人或者近亲属与本案有直接利害关系的；（三）法律、法规或者规章规定的其他回避情形。

符合回避条件的，案件承办人员应当自行回避，当事人也有权申请其回避。"

（二）环境行政处罚程序

1．环境行政处罚涉及哪几种管辖？

根据《行政处罚法》《环境行政处罚办法》以及有关环境法律法规的规定，环境行政处罚的管辖实行职能管辖、地域管辖、级别管辖、移送管辖和指定管辖。

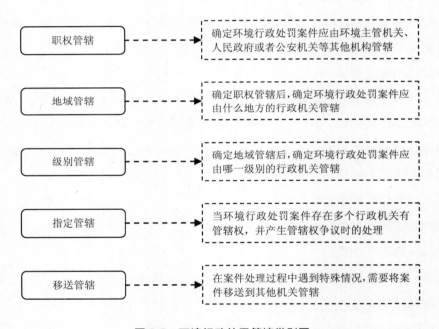

职权管辖	→	确定环境行政处罚案件应由环境主管机关、人民政府或者公安机关等其他机构管辖
地域管辖	→	确定职权管辖后,确定环境行政处罚案件应由什么地方的行政机关管辖
级别管辖	→	确定地域管辖后,确定环境行政处罚案件应由哪一级别的行政机关管辖
指定管辖	→	当环境行政处罚案件存在多个行政机关有管辖权,并产生管辖权争议时的处理
移送管辖	→	在案件处理过程中遇到特殊情况,需要将案件移送到其他机关管辖

图 2-5　环境行政处罚管辖类别图

如根据《行政处罚法》第二十条的规定，行政处罚由违法行为发生地的县级以上地方人民政府具有行政处罚权的行政机关管辖。法律、行政法规另有规定的除外。

《环境行政处罚办法》（2010 修订）对管辖权的具体规定如下：

（1）基本管辖原则

县级以上环境保护主管部门管辖本行政区域的环境行政处罚案件。

造成跨行政区域污染的行政处罚案件，由污染行为发生地环境保护主管部门管辖。

（2）优先管辖原则

两个以上环境保护主管部门都有管辖权的环境行政处罚案件，由最先发现或者最先接到举报的环境保护主管部门管辖。

（3）指定管辖原则

对行政处罚案件的管辖权发生争议时，争议双方应报请共同的上一级环境保护主管部门指定管辖；下级环境保护主管部门认为其管辖的案件重大、疑难或者实施处罚有困难的，可以报请上一级环境保护主管部门指定管辖。

上一级环境保护主管部门认为下级环境保护主管部门实施处罚确有困难或者不能独立行使处罚权的，经通知下级环境保护主管部门和当事人，可以对下级环境保护主管部门管辖的案件指定管辖。

上级环境保护主管部门可以将其管辖的案件交由有管辖权的下级环境保护主管部门实施行政处罚。

（4）移送管辖原则

不属于本机关管辖的案件，应当移送有管辖权的环境保护主管部门处理。

受移送的环境保护主管部门对管辖权有异议的，应当报请共同的上一级环境保护主管部门指定管辖，不得再自行移送。

2．环境行政处罚一般程序包括哪些步骤？

一般程序，又称普通程序，它是环境执法主体作出处罚决定所应经过的正常的基本程序。这种程序手续相对严格、完整，适用最为广泛。其主要步骤如下：

（1）立案

立案是指环境行政主体对于公民、法人或者其他组织的控告检举材料和自己发现的违法行为，认为需要给予环境行政违法人行政处罚，并决定进行调查处理的活动。立案应当填写专门形式的"立案报告表"，立案后应指派承办人员负责案件的调查工作。

（2）调查取证

调查取证是案件承办人员对于案件事实调查核实、收集证据的过程。依据《行政处罚法》的规定，环境行政主体在调查或者依法进行检查时，执法人员不得少于两人，并应向当事人或有关人员出示证件。环境执法人员与当事人有直接利害关系的，应当回避。环境执法人员应全面、客观、公正地调查、收集有关证据，并可以采取抽样取证的方法；在证据可能灭失或者以后难以取得的情况下，经行政机关负责人批准，可以先行登记保存，并在 7 日内及时作出处理决定。

（3）审查调查结果

调查终结后，案件承办人员应提出有关事实结论和处理结论的书面意见，由环境行政主体负责人审查批准。对情节复杂或者重大违法行为给予较重的行政处罚，环境行政部门的负责人应当集体讨论决定。在决定作出之前应依法向当事人履行告知义务，并听取当事人的陈述和申辩。

（4）制作行政处罚决定书

对于决定给予行政处罚的，环境行政部门必须制作符合法律规定的《行政处罚决定书》，该决定书应载明下列事项：1）当事人的姓名或者名称、地址；2）违反法律、法规或者规章的事实和证据；3）行政处罚的种类和依据；4）行政处罚的履行方式和期限；5）不服行政处罚决定，申请行政复议或者提起行政诉讼的期限；6）作出行政处罚决定的环境保护监督管理部门的名称和作出决定的日期。最后，处罚决定书必须盖有作出处罚决定的行政机关的印章。

（5）处罚决定书的送达

行政处罚决定书制作后，应当在宣告后当场交付当事人；当事人不在场的，环境执法部门应当在 7 日内依照民事诉讼法的有关规定，依据案件具体情况以直接送达、留置送达、转交送达、委托送达、邮寄送达或公告送达等方式送达当事人。

3．发现违法行为后，最久多长时间立案？

根据《环境行政处罚办法》（2010 修订）第二十二条的规定："环境保护主管部门对涉嫌违反环境保护法律、法规和规章的违法行为，应当进行初步审查，并在 7 个工作日内决定是否立案。

经审查，符合下列四项条件的，予以立案：

（1）有涉嫌违反环境保护法律、法规和规章的行为；

（2）依法应当或者可以给予行政处罚；

（3）属于本机关管辖；

（4）违法行为发生之日起到被发现之日止未超过 2 年，法律另有规定的除外。违法行为处于连续或继续状态的，从行为终了之日起计算。

4．调查取证是在立案前还是立案后做？

一般情况下调查取证是在立案后做，但是对需要立即调查取证的环境违法行为，可以在立案前进行调查取证，并需要在 7 个工作日内决定是否立案和补办立案手续。

《环境行政处罚办法》（2010 修订）第二十四条就紧急案件先行调查取证进行了规定：对需要立即查处的环境违法行为，可以先行调查取证，并在 7 个工作日内决定是否立案和补办立案手续。

5．环境行政处罚是否需要与环境行政处罚预（事）先告知书中的规定一致？

行政机关在作出行政处罚决定之前应当履行告知义务，未履行告知义务而作出的行政处罚决定不能成立。在非现场处罚的情况下，通常以行政处罚事先告知书的形式履行告知义务。履行告知义务的目的是充分听取当事人的意见，保障当事人陈述、申辩和要求听证的权利。所以当事人接到环境行政处罚事先告知书后提出的事实、理由和证据成立的并且行政机关采纳的，可能会对告知书的拟处罚决定作出修改，最终以正式的环境行政处罚决定为准。

【法条链接】

《行政处罚法》

第三十一条　行政机关在作出行政处罚决定之前，应当告知当事人作出行政处罚决定的事实、理由及依据，并告知当事人依法享有的权利。

第三十二条　当事人有权进行陈述和申辩。行政机关必须充分听取当事人的意见，对当事人提出的事实、理由和证据，应当进行复核；当事人提出的事实、理由或者证据成立的，行政机关应当采纳。

行政机关不得因当事人申辩而加重处罚。

第四十一条　行政机关及其执法人员在作出行政处罚决定之前，不依照本法第三十一条、第三十二条的规定向当事人告知给予行政处罚的事实、理由和依据，或者拒绝听取当事人的陈述、申辩，行政处罚决定不能成立；当事人放弃陈述或者申辩权利的除外。

《环境行政处罚办法》（2010 修订）

第四十八条　在作出行政处罚决定前，应当告知当事人有关事实、理由、依据和当事人依法享有的陈述、申辩权利。

在作出暂扣或吊销许可证、较大数额的罚款和没收等重大行政处罚决定之前，应当告知当事人有要求举行听证的权利。

第四十九条　环境保护主管部门应当对当事人提出的事实、理由和证据进行复核。当事人提出的事实、理由或者证据成立的，应当予以采纳。

不得因当事人的申辩而加重处罚。

6. 环境行政处罚文书送达有几种方式？联系不上受送达人时如何送达？

环境行政处罚文书送达方式包括：直接送达、留置送达、委托送达、邮寄送达、转交送达、公告送达、公证送达或者其他方式。

联系不上受送达人的情况下可以公告送达、公证送达或采取其他方式。另外，行政机关可以在受送达人同意的情况下采用电子送达的方式送达法律文书。

【法条链接】

《行政处罚法》

第四十条　行政处罚决定书应当在宣告后当场交付当事人；当事人不在场的，行政机关应当在七日内依照民事诉讼法的有关规定，将行政处罚决定书送达当事人。

《环境行政处罚办法》（2010 修订）

第五十六条　行政处罚决定书应当送达当事人，并根据需要抄送与案件有关的单位和个人。

第五十七条　送达行政处罚文书可以采取直接送达、留置送达、委托送达、邮寄送达、转交送达、公告送达、公证送达或者其他方式。

送达行政处罚文书应当使用送达回证并存档。

7. 环境行政处罚中行政机关有哪些告知义务？

在一般程序中：调查取证阶段调查人员询问当事人、证人或者其他有关人员时应当告知其依法享有的权利；实施查封、暂扣等行政强制措施时应当告知当事人有申请行政复议和提起行政诉讼的权利；在作出行政处罚决定前，应当告知当事人有关事实、理由、依据和当事人依法享有的陈述、申辩权利；在作出暂扣或吊销许可证、较大数额的罚款和没收等重大行政处罚决定之前，应当告知当事人有要求举行听证的权利。

在简易程序中：当场作出行政处罚决定时，环境执法人员应当向当事人说明违法的事实、行政处罚的理由和依据、拟给予的行政处罚，告知陈述、申辩权利；应当告知当事人如对当场作出的行政处罚决定不服，可以依法申请行政复议或者提起行政诉讼。

【法条链接】

《环境行政处罚办法》（2010 修订）

第三十条　调查人员负有下列责任：

（一）对当事人的基本情况、违法事实、危害后果、违法情节等情况进行全面、客观、及时、公正的调查；

（二）依法收集与案件有关的证据，不得以暴力、威胁、引诱、欺骗以及其他违法手段获取证据；

（三）询问当事人、证人或者其他有关人员，应当告知其依法享有的权利；

（四）对当事人、证人或者其他有关人员的陈述如实记录。

第四十条　实施查封、暂扣等行政强制措施，应当有法律、法规的明确规定，并应当告知当事人有申请行政复议和提起行政诉讼的权利。

第四十八条　在作出行政处罚决定前，应当告知当事人有关事实、理由、依据和当事人依法享有的陈述、申辩权利。

在作出暂扣或吊销许可证、较大数额的罚款和没收等重大行政处罚决定之前，应当告知当事人有要求举行听证的权利。

第五十九条　当场作出行政处罚决定时，环境执法人员不得少于两人，并应遵守下列简易程序：

（一）执法人员应向当事人出示中国环境监察证或者其他行政执法证件；

（二）现场查清当事人的违法事实，并依法取证；

（三）向当事人说明违法的事实、行政处罚的理由和依据、拟给予的行政处罚，告知陈述、申辩权利；

（四）听取当事人的陈述和申辩；

（五）填写预定格式、编有号码、盖有环境保护主管部门印章的行政处罚决定书，由执法人员签名或者盖章，并将行政处罚决定书当场交付当事人；

（六）告知当事人如对当场作出的行政处罚决定不服，可以依法申请行政复议或者提起行政诉讼。

以上过程应当制作笔录。

执法人员当场作出的行政处罚决定，应当在决定之日起3个工作日内报所属环境保护主管部门备案。

8．哪些环境行政处罚需要举行听证程序？

听证程序是一般程序中的特别程序，它是行政处罚中最严格的程序之一。《行政处罚法》设立听证程序的目的，是为了加强行政处罚活动的民主化、公开化，以保证行政处罚的公正性、合理性，以此保护公民、法人和其他组织的合法权益。

依据《行政处罚法》第四十二条的规定，听证程序主要适用于下列几种行政处罚：（1）责令停产停业的处罚；（2）吊销许可证或执照的处罚；（3）较大数额罚款的处罚。

依据《环境行政处罚办法》（2010修订）第四十八条的规定，在作出暂扣或吊销许可证、较大数额的罚款和没收等重大行政处罚决定之前，应当告知当事人有要求举行听证的权利。

依据《环境行政处罚听证程序规定》的规定，环境保护主管部门在作出以下行政处罚决定之前，应当告知当事人有申请听证的权利；当事人申请听证的，环境保护主管部门应当组织听证：

（1）拟对法人、其他组织处以人民币50 000元以上或者对公民处以人民币5 000元以上罚款的；

（2）拟对法人、其他组织处以人民币（或者等值物品价值）50 000元以上或者对公民处以人民币（或者等值物品价值）5 000 元以上的没收违法所得或者没收非法财物的；

（3）拟处以暂扣、吊销许可证或者其他具有许可性质的证件的；

（4）拟责令停产、停业、关闭的。

环境保护主管部门认为案件重大疑难的，经商当事人同意，可以组织听证。

9．环境行政处罚的听证该如何进行？

依据《行政处罚法》的规定，环境行政处罚中的听证活动应依照以下程序进行：

（1）当事人要求听证的，应当在环境保护主管部门（现为生态环境主管部门）告知后 3 日内提出。

（2）环境保护主管部门应当在收到当事人听证申请之日起 7 日内进行审查。对不符合听证条件的，决定不组织听证，并告知理由。对符合听证条件的，决定组织听证，制作并送达《行政处罚听证通知书》。

（3）行政机关应当在举行听证会的 7 日前，通知当事人和第三人举行听证的时间、地点。

（4）除涉及国家秘密、商业秘密或者个人隐私外，听证应公开举行。

（5）听证由行政机关指定的非本案调查人员主持；当事人认为主持人与本案有直接利害关系的，有权申请回避。

（6）当事人可以亲自参加听证，也可以委托 1～2 人代理。

（7）举行听证时，调查人员提出当事人违法的事实、证据和行政处罚建议；当事人进行申辩和质证。

（8）听证应当制作笔录，笔录应当交当事人审核无误后签字或者盖章。

经听证后，环境行政部门依据听证的情况及听证笔录，作出是否对当事人予以处罚及给予何种处罚的最后决定。

10. 哪些环境行政处罚需要经过集体审议？

根据《环境行政处罚办法》（2010 修订）第五十二条的规定，案情复杂或者对重大违法行为给予较重的行政处罚，环境保护主管部门（现为生态环境主管部门）负责人应当集体审议决定。

11. 常见环境行政处罚程序违法有哪些？

参照原环境保护部办公厅《关于印发〈环境行政处罚案卷评查指南〉的通知》（环办〔2012〕98 号），常见环境行政处罚程序违法主要包括：

（1）未按照立案、调查取证（或者调查取证、补充立案）、告知、审查决定、送达、执行、结案等基本流程实施。

（2）调查取证时未由两名以上执法人员进行并向当事人出示证件、表明身份、告知回避申请权。

（3）抽样取证、先行登记保存证据、查封扣押物品场所不符合法定条件和程序。

（4）作出行政处罚决定前，未告知当事人拟作出行政处罚决定的事实、理由、依据和当事人依法享有的权利，并听取其陈述、申辩。

（5）符合听证条件的，未告知当事人听证权利。当事人要求听证的，未依法举行听证。

（6）行政处罚决定未经过环保部门负责人批准。

（7）重大行政处罚案件未经过集体审议。

（8）法律文书未依照法定程序和时限送达，并附有送达回证。

（9）依法应当移送司法机关或其他机关处理的案件，未及时移送。

12. 环境行政处罚程序违法有哪些法律后果？（环境行政处罚的监督与救济）

根据《环境行政处罚办法》（2010 修订）的规定，发现环境行政处罚违法，行政行为相对人可以申诉、检举，提起行政复议或行政诉讼。

环境保护主管部门（现为生态环境主管部门）通过接受当事人的申诉和检举，或者通过备案审查等途径，发现下级环境保护主管部门的行政处罚决定违法或者显失公正的，应当督促其纠正。环境保护主管部门经过行政复议，发现下级环境保护主管部门作出的行政处罚违法或者显失公正的，依法撤销或者变更。

同时，环境行政处罚实施单位和个人双罚制，根据《行政处罚法》的规定，行政机关实施行政处罚违反法定的行政处罚程序的，由上级行政机关或者有关部门责令改正，可以对直接负责的主管人员和其他直接责任人员依法给予行政处分。

【法条链接】

《行政处罚法》

第五十五条 行政机关实施行政处罚，有下列情形之一的，由上级行政机关或者有关部门责令改正，可以对直接负责的主管人员和其他直接责任人员依法给予行政处分：

（一）没有法定的行政处罚依据的；

（二）擅自改变行政处罚种类、幅度的；

（三）违反法定的行政处罚程序的；

（四）违反本法第十八条 关于委托处罚的规定的。

第六十一条 行政机关为牟取本单位私利，对应当依法移交司法机关追究刑事责任的不移交，以行政处罚代替刑罚，由上级行政机关或者有关部门责令纠正；拒不纠正的，对直接负责的主管人员给予行政处分；徇私舞弊、包庇纵容违法行为的，依照刑法有关规定追究刑事责任。

《环境行政处罚办法》（2010 修订）

第七十五条 环境保护主管部门通过接受当事人的申诉和检举，或者通过备案审查等途径，发现下级环境保护主管部门的行政处罚决定违法或者显失公正的，应当督促其纠正。

环境保护主管部门经过行政复议，发现下级环境保护主管部门作出的行政处罚违法或者显失公正的，依法撤销或者变更。

13. 作出行政处罚名称与法律规定不一致，是否违法？

依据《行政处罚法》第五十五条的规定，擅自改变行政处罚种类、幅度的由上级行政机关或者有关部门责令改正，可以对直接负责的主管人员和其他直接责任人员依法给予行政处分。可见，作出行政处罚名称与法律规定不一致属于违法行为，行政机关在实施行政处罚时应当严格按照法律规定的种类作出行政处罚决定。

【法条链接】

《行政处罚法》

第五十五条　行政机关实施行政处罚，有下列情形之一的，由上级行政机关或者有关部门责令改正，可以对直接负责的主管人员和其他直接责任人员依法给予行政处分：

（一）没有法定的行政处罚依据的；

（二）擅自改变行政处罚种类、幅度的；

（三）违反法定的行政处罚程序的；

（四）违反本法第十八条关于委托处罚的规定的。

14. 当事人拒绝签字怎么办？

参照《国家环境保护总局关于行政处罚文书送达有关问题的复函》（环函〔2006〕409号）的规定，受送达人拒绝签收的，送达人应当邀请有关人员到现场见证，说明情况，并在送达回执上记明拒收理由和日期，把行政处罚文书留置受送达人处，即视为送达；直接送达行政处罚文书有困难的，可以委托受送达人所在地环保部门代为送达，或者邮寄送达。

在收集证据时，当事人拒绝签字的，可参照《环境行政处罚证据指南》（环办〔2011〕66号）的规定："4.1.4 收集证据时应当通知当事人到场。但在当事人拒不到场、无法找到当事人、暗查等情形下，当事人未到场不影响调查取证的进行。当事人拒绝签名、盖章或者不能签名、盖章的，应当注明情况，并由两名执法人员签名。有其他人在现场的，可请其他人签名。执法人员可以用录音、拍照、录像等方式记录证据收集的过程和情况。"

附：《国家环境保护总局关于行政处罚文书送达有关问题的复函》

(环函〔2006〕409号)

天津市环境保护局：

你局《关于行政处罚文书送达有关问题的请示》(津环保法〔2006〕191号)收悉。经研究，现函复如下：

《中华人民共和国行政处罚法》第四十条规定："行政处罚决定书应当在宣告后当场交付当事人；当事人不在场的，行政机关应当在七日内依照民事诉讼法的有关规定，将行政处罚决定书送达当事人"。根据《中华人民共和国民事诉讼法》和《最高人民法院关于适用〈中华人民共和国民事诉讼法〉若干问题的意见》关于送达的有关规定，送达法律文书可以采取直接送达、留置送达、委托送达、转交送达、邮寄送达和公告送达的方式。

根据上述规定，受送达人是法人或者其他组织的，环保部门送达的行政处罚文书应当由法人的法定代表人、其他组织的主要负责人或者该法人、组织的办公室、收发室、值班室等负责收件的人签收或盖章；受送达人拒绝签收的，送达人应当邀请有关人员到现场见证，说明情况，并在送达回执上记明拒收理由和日期，把行政处罚文书留置受送达人处，即视为送达；直接送达行政处罚文书有困难的，可以委托受送达人所在地环保部门代为送达，或者邮寄送达。

国家环境保护总局

2006 年 10 月 20 日

15．如何增强现场检查笔录的证据效力？

在现场检查笔录中，除要依据《环境行政处罚证据指南》的规定外，结合证据的客观性、合法性和关联性，还应当注意以下几个问题，从而确保现场检查笔录的证据效力：

（1）真实客观。现场检查笔录要如实记录现场所看、所听的实际情况，记录应以纪实、叙述的方式进行，切忌评论和主观推断。严禁将现场检查笔录与调查记录混淆，将调查询问记录在现场检查笔录中。

（2）详略得当。现场检测后笔录应围绕发现的问题进行记录，绝不能不分主次、不论轻重、想到哪儿就记到哪儿。现场检查笔录只有做到有的放矢，详略得当，才可能为行政处罚案件提供基本证据。

（3）互为印证。行政调查中，可能收集到各种不同种类的证据。而所有这些证据的发现、收集、固定，一般都是现场检查过程中进行的。而现场检查笔录正是对现场检查过程的文字记录，应详细记录收集其他证据的过程，与其互为印证，互为补充，构成证据链。

（4）说明证据。对现场需复印的一些票据、记录、文件，应留存当事人身份证明复印件，由当事人在所有复印件上注明"此复印件与原件一致"字样，并签上姓名和提供日期。如果对现场情况进行拍照、录像，在完成后，亦应将此情况记录在现场检查笔录中。

（5）分别制作。如果一案有多个现场或同一现场多次进行检查，应分别制作笔录，不能制作成一份综合笔录。也不能今天检查、隔日制作，或一处现场检查，他处现场制作笔录，否则可能涉及取证程序违法。

（6）确认真实。现场检查应通知当事人（或其代理人）到场。现场检查笔录做好后要交给被检查人阅读或向其宣读，并由被检查人在检查笔录上逐页签字，在修改处签字或按指纹，并在笔录终了处注明对笔录真实性意见。当事人拒绝到场或者拒绝签名的，应由两名及以上执法人员在笔录中签名，并注明当事人拒绝签名的真正原因。现场有见证人的，也应让见证人签名或盖章。

【法条链接】

《环境行政处罚证据指南》（环办〔2011〕66号）

4.3.9 现场检查（勘察）笔录要记录执法人员出示执法证件表明身份和告知当事人申请回避权利、配合调查义务的情况；现场检查（勘察）的时间、地点、主要过程；被检查场所概况及与当事人的关系；与违法行为有关的物品、工具、设施的名称、规格、数量、状况、位置、使用情况及相关书证、物证；与违法行为有关人员的活动情况；当事人及其他人员提供证据和配合检查情况；现场拍照、录音、录像、绘图、抽样取证、先行登记保存情况；执法人员检查发现的事实；执法人员签名等内容。

现场图示要注明绘制时间、方位。

5.3.9 对现场检查（勘查）笔录的审查，可以从下列方面进行：

（1）现场是否有两名执法人员；

（2）执法人员是否表明身份、出示执法证件、告知权利义务（暗查等无法出示和告知的情形除外）；

（3）是否有执法人员的签名；

（4）现场情况有无伪造或者破坏迹象；

（5）检查（勘查）方法是否科学；

（6）记载是否客观、准确、全面。

16．环境执法机关在环境行政处罚中有哪些自由裁量空间？

《环境行政处罚办法》（2010修订）第六条规范了环境执法机关在环境行政处罚中的自由裁量权。根据该条规定，行使行政处罚自由裁量权必须符合立法目的，并综合考虑以下情节：（1）违法行为所造成的环境污染、生态破坏程度及社会影响；（2）当事人的过错程度；（3）违法行为的具体方式或者手段；（4）违法行为危害的具体对象；（5）当事人是初犯还是再犯；（6）当事人改正违法行为的态度和所采取的改正措施及效果。

同类违法行为的情节相同或者相似、社会危害程度相当的，行政处罚种类和幅度应当相当。

17．哪些情节从重处罚？从轻处罚？减轻处罚？不予处罚？

（1）从重处罚

根据《生态环境部关于进一步规范适用环境行政处罚自由裁量权的指导意见》（环执法〔2019〕42号）的规定，可以从重处罚的情形包括：1）两年内因同类环境违法行为被处罚3次（含3次）以上的；2）重污染天气预警期间超标排放大气污染物的；3）在案件查处中对执法人员进行威胁、辱骂、殴打、恐吓或者打击报复的；4）环境违法行为造成跨行政区域环境污染的；5）环境违法行为引起不良社会反响的；6）其他具有从重情节的。

（2）从轻处罚或减轻处罚

根据《生态环境部关于进一步规范适用环境行政处罚自由裁量权的指导意见》（环执法〔2019〕42号）的规定，应当依法从轻或者减轻行政处罚的情形包括：1）主动消除或者减轻环境违法行为危害后果的；2）受他人胁迫有环境违法行为的；3）配合生态环境部门查处环境违法行为有立功表现的；4）其他依法从轻或者减轻行政处罚的。

（3）不予处罚

《环境行政处罚办法》第七条规定了不予处罚的情形："违法行为轻微并及时纠正，没有造成危害后果的，不予行政处罚。"

同时，《生态环境部关于进一步规范适用环境行政处罚自由裁量权的指导意见》（环执法〔2019〕42号）也明确了可以免予处罚的情形，具体包括：1）违法行为（如"未批先建"）未造成环境污染后果，且企业自行实施关停或者实施停止建设、停止生产等措施的；2）违法行为持续时间短、污染小（如"超标排放水污染物不超过 2 小时，且超标倍数小于 0.1 倍、日污水排放量小于 0.1 吨的"；又如"不规范贮存危险废物时间不超过 24 小时、数量小于 0.01 吨，且未污染外环境的"）且当日完成整改的；3）其他违法行为轻微并及时纠正，没有造成危害后果的。

【法条链接】

《生态环境部关于进一步规范适用环境行政处罚自由裁量权的指导意见》（环执法〔2019〕42 号）

1. 有下列情形之一的，可以从重处罚。

（1）两年内因同类环境违法行为被处罚 3 次（含 3 次）以上的；

（2）重污染天气预警期间超标排放大气污染物的；

（3）在案件查处中对执法人员进行威胁、辱骂、殴打、恐吓或者打击报复的；

（4）环境违法行为造成跨行政区域环境污染的；

（5）环境违法行为引起不良社会反响的；

（6）其他具有从重情节的。

2. 有下列情形之一的，应当依法从轻或者减轻行政处罚。

（1）主动消除或者减轻环境违法行为危害后果的；

（2）受他人胁迫有环境违法行为的；

（3）配合生态环境部门查处环境违法行为有立功表现的；

（4）其他依法从轻或者减轻行政处罚的。

3. 有下列情形之一的，可以免予处罚。

（1）违法行为（如"未批先建"）未造成环境污染后果，且企业自行实施关停或者实施停止建设、停止生产等措施的；

（2）违法行为持续时间短、污染小（如"超标排放水污染物不超过 2 小时，且超标倍数小于 0.1 倍、日污水排放量小于 0.1 吨的"；又如"不规范贮存危险废物时间不超过 24 小时、数量小于 0.01 吨，且未污染外环境的"）且当日完成整改的；

（3）其他违法行为轻微并及时纠正，没有造成危害后果的。

18. 哪些情况下环境行政处罚被纠正、撤销与变更？

（1）纠正

生态环境主管部门通过接受当事人的申诉和检举，或者通过备案审查等途径，发现下级生态环境主管部门的行政处罚决定违法或者显失公正的，应当督促其纠正。

（2）撤销及变更

1）生态环境主管部门的撤销：生态环境主管部门经过行政复议，发现下级生态环境主管部门作出的行政处罚违法或者显失公正的，依法撤销或者变更。

2）行政复议机关的撤销：具体行政行为有下列情形之一的，行政复议机关可决定撤销、变更，依据 a～e 项撤销行政行为的，行政复议机关可以责令被申请人在一定期限内重新作出具体行政行为：a.主要事实不清、证据不足的；b.适用依据错误的；c.违反法定程序的；d.超越或者滥用职权的；e.具体行政行为明显不当的；f.被申请人不按照《行政复议法》（2017 修正）第二十三条的规定提出书面答复、提交当初作出具体行政行为的证据、依据和其他有关材料的，视为该具体行政行为没有证据、依据，决定撤销该具体行政行为。

3）人民法院判决撤销：行政行为有下列情形之一的，人民法院判决撤销或者部分撤销，并可以判决被告重新作出行政行为：a.主要证据不足的；b.适用法律、法规错误的；c.违反法定程序的；d.超越职权的；e.滥用职权的；f.明显不当的。此外，行政处罚明显不当，或者其他行政行为涉及对款额的确定、认定确有错误的，人民法院可以判决变更。人民法院判决变更，不得加重原告的义务或者减损原告的权益。但利害关系人同为原告，且诉讼请求相反的除外。

【法条链接】

《环境行政处罚办法》（2010 修订）

第七十五条　环境保护主管部门通过接受当事人的申诉和检举，或者通过备案审查等途径，发现下级环境保护主管部门的行政处罚决定违法或者显失公正的，应当督促其纠正。

环境保护主管部门经过行政复议，发现下级环境保护主管部门作出的行政处罚违法或者显失公正的，依法撤销或者变更。

《行政复议法》（2017 修正）

第二十八条　行政复议机关负责法制工作的机构应当对被申请人作出的具体行政行为进行审查，提出意见，经行政复议机关的负责人同意或者集体讨论通过后，按照下列规定作出行政复议决定：

（一）具体行政行为认定事实清楚，证据确凿，适用依据正确，程序合法，内容适当的，决定维持；

（二）被申请人不履行法定职责的，决定其在一定期限内履行；

（三）具体行政行为有下列情形之一的，决定撤销、变更或者确认该具体行政行为违法；决定撤销或者确认该具体行政行为违法的，可以责令被申请人在一定期限内重新作出具体行政行为：

1. 主要事实不清、证据不足的；

2. 适用依据错误的；

3. 违反法定程序的；

4. 超越或者滥用职权的；

5. 具体行政行为明显不当的。

（四）被申请人不按照本法第二十三条的规定提出书面答复、提交当初作出具体行政行为的证据、依据和其他有关材料的，视为该具体行政行为没有证据、依据，决定撤销该具体行政行为。

行政复议机关责令被申请人重新作出具体行政行为的，被申请人不得以同一的事实和理由作出与原具体行政行为相同或者基本相同的具体行政行为。

《行政诉讼法》（2017修正）

第七十条 行政行为有下列情形之一的，人民法院判决撤销或者部分撤销，并可以判决被告重新作出行政行为：

（一）主要证据不足的；

（二）适用法律、法规错误的；

（三）违反法定程序的；

（四）超越职权的；

（五）滥用职权的；

（六）明显不当的。

第七十四条 行政行为有下列情形之一的，人民法院判决确认违法，但不撤销行政行为：

（一）行政行为依法应当撤销，但撤销会给国家利益、社会公共利益造成重大损害的；

（二）行政行为程序轻微违法，但对原告权利不产生实际影响的。

行政行为有下列情形之一，不需要撤销或者判决履行的，人民法院判决确认违法：

（一）行政行为违法，但不具有可撤销内容的；

（二）被告改变原违法行政行为，原告仍要求确认原行政行为违法的；

（三）被告不履行或者拖延履行法定职责，判决履行没有意义的。

第七十五条 行政行为有实施主体不具有行政主体资格或者没有依据等重大且明显违法情形，原告申请确认行政行为无效的，人民法院判决确认无效。

第七十六条 人民法院判决确认违法或者无效的，可以同时判决责令被告采取补救措施；给原告造成损失的，依法判决被告承担赔偿责任。

第七十七条 行政处罚明显不当，或者其他行政行为涉及对款额的确定、认定确有错误的，人民法院可以判决变更。

人民法院判决变更，不得加重原告的义务或者减损原告的权益。但利害关系人同为原告，且诉讼请求相反的除外。

（三）违反建设项目审批及备案的行政处罚

1. 不按规定办理建设项目环境保护评价文件的审批手续的应该如何处罚？

根据《环境影响评价法》（2018 修正）第三十一条的规定，建设单位未依法报批建设项目环境影响报告书、报告表，或者建设项目的环境影响评价文件经批准后发生重大变动未依法重新报批，或者建设项目的环境影响评价文件自批准之日起超过 5 年，方决定该项目开工建设的但未依法报请重新审核环境影响报告书、报告表，擅自开工建设的，由县级以上生态环境主管部门责令停止建设，根据违法情节和危害后果，处建设项目总投资额百分之一以上百分之五以下的罚款，并可以责令恢复原状；对建设单位直接负责的主管人员和其他直接责任人员，依法给予行政处分。

建设项目环境影响报告书、报告表未经批准或者未经原审批部门重新审核同意，建设单位擅自开工建设的，依照前款的规定处罚、处分。

2. 未办理环境影响登记表的备案，如何进行处罚？

《环境影响评价法》（2018 修正）第三十一条第三款规定："建设单位未依法备案建设项目环境影响登记表的，由县级以上生态环境主管部门责令备案，处 5 万元以下的罚款。"

3. 建设项目未依法进行环境影响评价，被责令停止建设，拒不执行的将如何处罚企业事业单位和其他生产经营者？

根据《环境保护法》（2014 修订）第六十三条的规定，针对"建设项目未依法进行环境影响评价，被责令停止建设，拒不执行的"的情况，尚不构成犯罪的，除依照有关法律法规规定予以处罚外，由县级以上人民政府生态环境主管部门或者其他有关部门将案件移送公安机关，对企业事业单位和其他生产经营者直接负责的主管人员和其他直接责任人员，处 10 日以上 15 日以下拘留；情节较轻的，处 5 日以上 10 日以下拘留。

4. 承担环境影响评价工作的单位违反环境影响评价的规定或者在评价工作中弄虚作假的处罚是什么？

《环境保护法》第六十五条规定："环境影响评价机构、环境监测机构以及从事环境监测设备和防治污染设施维护、运营的机构，在有关环境服务活动中弄虚作假，对造成的环境污染和生态破坏负有责任的，除依照有关法律法规规定予以处罚外，还应当与造成环境污染和生态破坏的其他责任者承担连带责任。"

针对建设单位，《环境影响评价法》（2018 修正）第三十二条第一款规定："建设项目环境影响报告书、环境影响报告表存在基础资料明显不实，内容存在重大缺陷、遗漏或者虚假，环境影响评价结论不正确或者不合理等严重质量问题的，由设区的市级以上人民政府生态环境主管部门对建设单位处五十万元以上二百万元以下的罚款，并对建设单位的法定代表人、主要负责人、直接负责的主管人员和其他直接责任人员，处五万元以上二十万元以下的罚款。"

针对接受委托编制建设项目环境影响报告书、环境影响报告表的技术单位，《环境影响评价法》（2018 修正）第三十二条第二款规定："接受委托编制建设项目环境影响报告书、环境影响报告表的技术单位违反国家有关环境影响评价标准和技术规范等规定，致使其编制的建设项目环境影响报告书、环境影响报告表存在基础资料明显不实，内容存在重大缺陷、遗漏或者虚假，环境影响评价结论不正确或者不合理等严重质量问题的，由设区的市级以上人民政府生态环境主管部门对技术单位处所收费用三倍以上五倍以下的罚款；情节严重的，禁止从事环境影响报告书、环境影响报告表编制工作；有违法所得的，没收违法所得。"

此外，《环境影响评价法》（2018 修正）第三十二条第三款规定："编制单位有本条第一款、第二款规定的违法行为的，编制主持人和主要编制人员五年内禁止从事环境影响报告书、环境影响报告表编制工作；构成犯罪的，依法追究刑事责任，并终身禁止从事环境影响报告书、环境影响报告表编制工作。"

5.（建设单位）擅自改变环境影响报告书（表）所批准的电磁类设备功率的，应如何处理？

若建设单位擅自改变环境影响报告书（表）中所批准的电磁辐射设备的功率的行为属于建设项目重大变动的，应按照《环境影响评价法》（2018 修正）第三十一条的规定进行处罚。

6."未批先建"违法行为的行政处罚追溯期限是多久？

《关于建设项目"未批先建"违法行为法律适用问题的意见》（环政法函〔2018〕31 号）规定，根据《行政处罚法》第二十九条的规定，"未批先建"违法行为的行政处罚追溯期限应当自建设行为终了之日起计算。因此，"未批先建"违法行为自建设行为终了之日起 2 年内未被发现的，生态环境主管部门应当遵守行政处罚法第二十九条的规定，不予行政处罚。

【法条链接】

《行政处罚法》

第二十九条 违法行为在二年内未被发现的，不再给予行政处罚。法律另有规定的除外。

前款规定的期限，从违法行为发生之日起计算；违法行为有连续或者继续状态的，从行为终了之日起计算。

（四）违反建设项目"三同时"及后评价（事中事后监管）的行政处罚

1. 违反电磁辐射类建设项目"三同时"制度如何进行处罚？

《建设项目环境保护管理条例》（2017 修订）第二十二条规定，建设单位编制建设项目初步设计未落实防治环境污染和生态破坏的措施以及环境保护设施投资概算，未将环境保护设施建设纳入施工合同，或者未依法开展环境影响后评价的，由建设项目所在地县级以上环境保护行政主管部门（现为生态环境主管部门）责令限期改正，处 5 万元以上 20 万元以下的罚款；逾期不改正的，处 20 万元以上 100 万元以下的罚款。

建设单位在项目建设过程中未同时组织实施环境影响报告书、环境影响报告表及其审批部门审批决定中提出的环境保护对策措施的，由建设项目所在地县级以上环境保护行政主管部门（现为生态环境主管部门）责令限期改正，处 20 万元以上 100 万元以下的罚款；逾期不改正的，责令停止建设。

2．电磁辐射类建设项目和设备的环境保护设施"未验先投"的处罚是什么？

（1）环保设施未建成、未经验收或验收不合格，擅自投产

根据《建设项目环境保护管理条例》（2017 修订）第二十三条的规定，需要配套建设的环境保护设施未建成、未经验收或者验收不合格，建设项目即投入生产或者使用，或者在环境保护设施验收中弄虚作假的，由县级以上环境保护行政主管部门（现为生态环境主管部门）责令限期改正，处 20 万元以上 100 万元以下的罚款；逾期不改正的，处 100 万元以上 200 万元以下的罚款；对直接负责的主管人员和其他责任人员，处 5 万元以上 20 万元以下的罚款；造成重大环境污染或者生态破坏的，责令停止生产或者使用，或者报经有批准权的人民政府批准，责令关闭。

（2）噪声污染防治设施，未建成、达到国家规定的要求，擅自投产

根据《环境噪声污染防治法》（2018 修正）第四十八条的规定，建设项目中需要配套建设的环境噪声污染防治设施没有建成或者没有达到国家规定的要求，擅自投入生产或者使用的，由县级以上生态环境主管部门责令限期改正，并对单位和个人处以罚款；造成重大环境污染或者生态破坏的，责令停止生产或者使用，或者报经有批准权的人民政府批准，责令关闭。

3．当"未批先建"遇上"未验先投"该如何处罚？

依据《建设项目环境管理如何适用法律的答复》（法工委复〔2007〕2 号）的规定，关于建设单位未依法报批建设项目环境影响评价文件却已建成建设项目，同时该建设项目需要配套建设的环境保护设施未建成、未经验收或者经验收不合格，主体工程正式投入生产或者使用的，应当分别依照《环境影响评价法》（2002）第三十一条、《建设项目环境保护管理条例》第二十八条的规定作出相应处罚。

然而，自 2016 年 9 月 1 日起，《环境影响评价法》（2016 修正）施行。《环境影响评价法》（2002）第三十一条已被修改为《环境影响评价法》（2016 修正）第

三十一条，对报批环境影响报告书、报告表和环境影响登记表作出了区分，取消了限期补办，罚款数额将与建设项目总投资额挂钩。因此，当"未批先建"遇上"未验先投"，环保部门应当分别按照《环境影响评价法》（2018 修正）第三十一条和《建设项目环境保护管理条例》第二十三条的规定作出相应处罚。

另外，还应当注意的是，若该建设项目存在超标排放或违反"三同时"等行为，还应当依据相应的规定作出处罚。

【法条链接】

《关于建设项目"未批先建"违法行为法律适用问题的意见》

（三）违反环保设施"三同时"验收制度的行政处罚

1. 建设单位同时构成"未批先建"和违反环保设施"三同时"验收制度两个违法行为的，应当分别依法作出相应处罚

对建设项目"未批先建"并已建成投入生产或者使用，同时违反环保设施"三同时"验收制度的违法行为应当如何处罚，全国人大常委会法制工作委员会2007 年 3 月 21 日作出的《关于建设项目环境管理有关法律适用问题的答复意见》（法工委复〔2007〕2 号）规定："关于建设单位未依法报批建设项目环境影响评价文件却已建成建设项目，同时该建设项目需要配套建设的环境保护设施未建成、未经验收或者经验收不合格，主体工程正式投入生产或者使用的，应当分别依照《环境影响评价法》第三十一条、《建设项目环境保护管理条例》第二十八条的规定作出相应处罚。"

据此，建设单位同时构成"未批先建"和违反环保设施"三同时"验收制度两个违法行为的，应当分别依法作出相应处罚。

2. 对违反环保设施"三同时"验收制度的处罚，不受"未批先建"行政处罚追溯期限的影响

建设项目违反环保设施"三同时"验收制度投入生产或者使用期间，由于违反环保设施"三同时"验收制度的违法行为一直处于连续或者继续状态，因

此，即使"未批先建"违法行为已超过二年行政处罚追溯期限，环保部门仍可以对违反环保设施"三同时"验收制度的违法行为依法作出处罚，不受"未批先建"违法行为行政处罚追溯期限的影响。

（五）其他相关行政处罚

1. 政府及相关部门中负有环境保护监督管理职责的人员违反法律规定的处分是什么？

（1）针对工作人员，有违法行为，依法应当给予处分。

（2）针对直接负责的主管人员和其他直接责任人员，如果存在《环境保护法》（2014 修订）第六十八条规定的情形，将被给予记过、记大过或者降级处分；造成严重后果的，给予撤职或者开除处分，其主要负责人应当引咎辞职。

（3）构成犯罪的，依法追究刑事责任。

【法条链接】

《环境保护法》（2014 修订）

第六十七条　上级人民政府及其环境保护主管部门应当加强对下级人民政府及其有关部门环境保护工作的监督。发现有关工作人员有违法行为，依法应当给予处分的，应当向其任免机关或者监察机关提出处分建议。

第六十八条　地方各级人民政府、县级以上人民政府环境保护主管部门和其他负有环境保护监督管理职责的部门有下列行为之一的，对直接负责的主管人员和其他直接责任人员给予记过、记大过或者降级处分；造成严重后果的，给予撤职或者开除处分，其主要负责人应当引咎辞职：

（一）不符合行政许可条件准予行政许可的；

（二）对环境违法行为进行包庇的；

（三）依法应当作出责令停业、关闭的决定而未作出的；

（四）对超标排放污染物、采用逃避监管的方式排放污染物、造成环境事故以及不落实生态保护措施造成生态破坏等行为，发现或者接到举报未及时查处的；

（五）违反本法规定，查封、扣押企业事业单位和其他生产经营者的设施、设备的；

（六）篡改、伪造或者指使篡改、伪造监测数据的；

（七）应当依法公开环境信息而未公开的；

（八）将征收的排污费截留、挤占或者挪作他用的；

（九）法律法规规定的其他违法行为。

第六十九条 违反本法规定，构成犯罪的，依法追究刑事责任。

2. 环境行政处罚的内部监督包括哪些方式？

内部监督是指在行政系统内部进行的监督，是行政机关的自我约束，是各种监督中最经常、最直接的监督。它包括环保部门内部的监督、上级行政机关对下级行政机关的层级监察稽查和专门行政监督机关的监督。

在环境行政处罚工作中，内部监督主要包括：

（1）环保部门的内部自我监督检查，具体可参见《环境行政处罚案件内部监督制度》；

（2）环境监察稽查：上级环保部门对下级环保部门及其工作人员在环境行政执法工作中依法履行职责、形式职权和遵守纪律的情况进行监督、监察。具体可参见《环境监察办法》。

（3）环境行政执法后督察，具体可参见《环境行政执法后督察办法》。

四、行政强制

1．行政强制包括哪些种类？

行政强制包括行政强制措施和行政强制执行。《行政强制法》第九条规定了行政强制措施的种类，包括：（1）限制公民人身自由；（2）查封场所、设施或者财物；（3）扣押财物；（4）冻结存款、汇款；（5）其他行政强制措施。

第十二条规定了行政强制执行的方式，包括：（1）加处罚款或者滞纳金；（2）划拨存款、汇款；（3）拍卖或者依法处理查封、扣押的场所、设施或者财物；（4）排除妨碍、恢复原状；（5）代履行；（6）其他强制执行方式。

2．电磁辐射类建设项目运营管理过程中，生态环境主管部门可以实施的行政强制种类有哪些？

《环境保护法》（2014 修订）第二十五条规定："企业事业单位和其他生产经营者违反法律法规规定排放污染物，造成或者可能造成严重污染的，县级以上人民政府环境保护主管部门和其他负有环境保护监督管理职责的部门，可以查封、扣押造成污染物排放的设施、设备。"环境保护部于 2014 年发布《环境保护主管部门实施查封、扣押办法》（环境保护部令 第 29 号），就环境保护主管部门实施查封、扣押的适用范围、实施程序进行了详细规定。

《环境保护主管部门实施查封、扣押办法》（环境保护部令 第 29 号）第四条规定："排污者有下列情形之一的，环境保护主管部门依法实施查封、扣押：（一）违法排放、倾倒或者处置含传染病病原体的废物、危险废物、含重金属污染物或者持久性有机污染物等有毒物质或者其他有害物质的；（二）在饮用水水源一级保护区、自然保护区核心区违反法律法规规定排放、倾倒、处置污染物的；（三）违反法律法规规定排放、倾倒化工、制药、石化、印染、电镀、造纸、制革等工业污泥的；（四）通过暗管、渗井、渗坑、灌注或者篡改、伪造监测数据，或者不正常运行防治污染设施等逃避监管的方式违反法律法规规定排放污染物的；（五）较大、重大和特别重大突发环境事件发生后，未按照要求执行停产、停排措施，继续违反法律法规规定排放污染物的；（六）法律、法规规定的其他造成或者可能造成严重污染的违法排污行为。有前款第一项、第二项、第三项、第六项情形之一的，环境保护主管部门可以实施查封、扣押；已造成严重污染或者有前款第四项、第五项情形之一的，环境保护主管部门应当实施查封、扣押。”

从上述规定可以看出，《环境保护法》对环保部门施行查封扣押的情形作出了宏观性的规定，即"违反法律法规规定排放污染物，造成或者可能造成严重污染的"。而《环境保护主管部门实施查封、扣押办法》以列举的方式对《环境保护法》规定的查封、扣押情形进行了具体列明，共计 6 种具体违法行为，其中最后一种为兜底性的"其他"条款。该条款一定程度上给予了生态环境主管部门实施查封、扣押适用情形，是为了弥补法律文义本身的不周延性。生态环境主管部门必然不可肆意滥用该兜底性条款，但更不可过于僵化地将查封扣押仅适用前 5 种违法行为。

3．生态环境主管部门如何实施与电磁辐射类建设项目相关的行政强制？

生态环境主管部门实施与电磁辐射类建设项目相关的行政强制，可在法定职权范围内实施相应的行政强制措施，对于法律没有规定由生态环境主管部门强制执行的，可申请人民法院强制执行。

【法条链接】

《行政强制法》

第十三条　行政强制执行由法律设定。

法律没有规定行政机关强制执行的，作出行政决定的行政机关应当申请人民法院强制执行。

第十七条　行政强制措施由法律、法规规定的行政机关在法定职权范围内实施。行政强制措施权不得委托。

依据《中华人民共和国行政处罚法》的规定行使相对集中行政处罚权的行政机关，可以实施法律、法规规定的与行政处罚权有关的行政强制措施。

行政强制措施应当由行政机关具备资格的行政执法人员实施，其他人员不得实施。

第十八条　行政机关实施行政强制措施应当遵守下列规定：

（一）实施前须向行政机关负责人报告并经批准；

（二）由两名以上行政执法人员实施；

（三）出示执法身份证件；

（四）通知当事人到场；

（五）当场告知当事人采取行政强制措施的理由、依据以及当事人依法享有的权利、救济途径；

（六）听取当事人的陈述和申辩；

（七）制作现场笔录；

（八）现场笔录由当事人和行政执法人员签名或者盖章，当事人拒绝的，在笔录中予以注明；

（九）当事人不到场的，邀请见证人到场，由见证人和行政执法人员在现场笔录上签名或者盖章；

（十）法律、法规规定的其他程序。

> **第十九条** 情况紧急，需要当场实施行政强制措施的，行政执法人员应当在二十四小时内向行政机关负责人报告，并补办批准手续。行政机关负责人认为不应当采取行政强制措施的，应当立即解除。

4. 生态环境主管部门如何申请法院强制执行？

关于申请法院强制执行的时间要求，《行政强制法》第五十三条规定："当事人在法定期限内不申请行政复议或者提起行政诉讼，又不履行行政决定的，没有行政强制执行权的行政机关可以自期限届满之日起三个月内，依照本章规定申请人民法院强制执行。"

关于管辖及强制执行前的催告要求，《行政强制法》第五十四条规定："行政机关申请人民法院强制执行前，应当催告当事人履行义务。催告书送达十日后当事人仍未履行义务的，行政机关可以向所在地有管辖权的人民法院申请强制执行；执行对象是不动产的，向不动产所在地有管辖权的人民法院申请强制执行。"

《行政强制法》第五十五条就申请法院强制执行需要提供的材料进行了规定："行政机关向人民法院申请强制执行，应当提供下列材料：（一）强制执行申请书；（二）行政决定书及作出决定的事实、理由和依据；（三）当事人的意见及行政机关催告情况；（四）申请强制执行标的情况；（五）法律、行政法规规定的其他材料。强制执行申请书应当由行政机关负责人签名，加盖行政机关的印章，并注明日期。"

五、政府信息公开

1. 企业或者公民经常向生态环境主管部门申请哪些与电磁辐射类建设项目相关的政府信息公开？

在实务中，生态环境主管部门受理的与电磁辐射类建设项目相关的政府信息公开申请主要与建设项目的环境影响评价文件及相关审批文件相关。

2. 哪些信息属于政府信息公开的范围？如何办理政府信息公开？

2019年5月15日起施行的《政府信息公开条例》（2019修订）第二条规定，政府信息是指行政机关在履行行政管理职能过程中制作或者获取的，以一定形式记录、保存的信息。政府信息公开方式分为主动公开和依申请公开两类。

（1）主动公开的政府信息范围

《政府信息公开条例》（2019修订）第十九条规定，对涉及公众利益调整、需要公众广泛知晓或者需要公众参与决策的政府信息，行政机关应当主动公开。第二十条规定，行政机关应当依照第十九条的规定，主动公开本行政机关的下列政府信息：

1）行政法规、规章和规范性文件；

2）机关职能、机构设置、办公地址、办公时间、联系方式、负责人姓名；

3）国民经济和社会发展规划、专项规划、区域规划及相关政策；

4）国民经济和社会发展统计信息；

5）办理行政许可和其他对外管理服务事项的依据、条件、程序以及办理结果；

6）实施行政处罚、行政强制的依据、条件、程序以及本行政机关认为具有一定社会影响的行政处罚决定；

7）财政预算、决算信息；

8）行政事业性收费项目及其依据、标准；

9）政府集中采购项目的目录、标准及实施情况；

10）重大建设项目的批准和实施情况；

11）扶贫、教育、医疗、社会保障、促进就业等方面的政策、措施及其实施情况；

12）突发公共事件的应急预案、预警信息及应对情况；

13）环境保护、公共卫生、安全生产、食品药品、产品质量的监督检查情况；

14）公务员招考的职位、名额、报考条件等事项以及录用结果；

15）法律、法规、规章和国家有关规定规定应当主动公开的其他政府信息。

此外，《政府信息公开条例》（2019 修订）第二十一条还明确除条例第二十条规定的政府信息外，"设区的市级、县级人民政府及其部门"还应当根据本地方的具体情况，主动公开涉及市政建设、公共服务、公益事业、土地征收、房屋征收、治安管理、社会救助等方面的政府信息；"乡（镇）人民政府"还应当根据本地方的具体情况，主动公开贯彻落实农业农村政策、农田水利工程建设运营、农村土地承包经营权流转、宅基地使用情况审核、土地征收、房屋征收、筹资筹劳、社会救助等方面的政府信息。

《政府信息公开条例》（2019 修订）新增了"政府信息管理动态调整机制"和"依申请公开向主动公开的转化机制"。要求行政机关对不予公开的政府信息进行定期评估审查，对因情势变化可以公开的政府信息应当公开；行政机关可以将多个申请人提出公开申请且属于可以公开的政府信息，纳入主动公开的范围。对行政机关依申请公开的政府信息，申请人认为涉及公众利益调整、需要公众广泛知晓或者需要公众参与决策的，也可以建议行政机关将该信息纳入主动公开的范围。行政机关经审核认为属于主动公开范围的，应当及时主动公开。

除上述规定外，《建设项目环境影响评价政府信息公开指南（试行）》（环办

〔2013〕103 号）规定生态环境主管部门应当主动公开的政府信息范围如下：1）环境影响评价相关法律、法规、规章及管理程序；2）建设项目环境影响评价审批，包括：环境影响评价文件受理情况、拟作出的审批意见、作出的审批决定；3）建设项目竣工环境保护验收，包括：竣工环境保护验收申请受理情况、拟作出的验收意见、作出的验收决定；4）建设项目环境影响评价资质管理信息，包括：建设项目环境影响评价资质受理情况、审查情况、批准的建设项目环境影响评价资质、环境影响评价机构基本情况、业绩及人员信息。

关于主动公开的期限要求，《政府信息公开条例》及《建设项目环境影响评价政府信息公开指南（试行）》均规定，属于主动公开范围的政府信息，应当自该信息形成或者变更之日起 20 个工作日内及时公开。法律、法规对政府信息公开的期限另有规定的，从其规定。

（2）依申请公开的政府信息范围

除行政机关主动公开的政府信息外，公民、法人或者其他组织可以向地方各级人民政府、对外以自己名义履行行政管理职能的县级以上人民政府部门（含本条例第十条第二款规定的派出机构、内设机构）申请获取相关政府信息。

【法条链接】

《政府信息公开条例》（2019 修订）

第二十二条 行政机关应当依照本条例第二十条、第二十一条的规定，确定主动公开政府信息的具体内容，并按照上级行政机关的部署，不断增加主动公开的内容。

第二十三条 行政机关应当建立健全政府信息发布机制，将主动公开的政府信息通过政府公报、政府网站或者其他互联网政务媒体、新闻发布会以及报刊、广播、电视等途径予以公开。

第二十四条 各级人民政府应当加强依托政府门户网站公开政府信息的工作，利用统一的政府信息公开平台集中发布主动公开的政府信息。政府信息公开平台应当具备信息检索、查阅、下载等功能。

第二十五条　各级人民政府应当在国家档案馆、公共图书馆、政务服务场所设置政府信息查阅场所，并配备相应的设施、设备，为公民、法人和其他组织获取政府信息提供便利。

行政机关可以根据需要设立公共查阅室、资料索取点、信息公告栏、电子信息屏等场所、设施，公开政府信息。

行政机关应当及时向国家档案馆、公共图书馆提供主动公开的政府信息。

第五十五条　教育、卫生健康、供水、供电、供气、供热、环境保护、公共交通等与人民群众利益密切相关的公共企事业单位，公开在提供社会公共服务过程中制作、获取的信息，依照相关法律、法规和国务院有关主管部门或者机构的规定执行。全国政府信息公开工作主管部门根据实际需要可以制定专门的规定。

3．哪些信息不属于政府信息公开的范围？

《政府信息公开条例》（2019 修订）明确"行政机关公开政府信息，应当坚持以公开为常态、不公开为例外"，因此政府部门在判断信息是否属于政府信息公开范畴时，应当根据现行法律规定进行综合衡量，确定是"否属于政府信息""是否属于应由本机关进行公开的政府信息""是否属于可以公开的政府信息"。根据现行法律规定，不属于政府信息公开范围的信息或者可以不予公开的政府信息主要如下：

（1）国家秘密，法律、行政法规禁止公开的政府信息以及公开可能危及国家安全、公共安全、经济安全和社会稳定的政府信息

《政府信息公开条例》（2019 修订）第十四条规定，依法确定为国家秘密的政府信息，法律、行政法规禁止公开的政府信息，以及公开后可能危及国家安全、公共安全、经济安全、社会稳定的政府信息，不予公开。

（2）公开会对第三方合法权益造成损害的政府信息

《政府信息公开条例》（2019 修订）第十五条规定，涉及商业秘密、个人隐私等公开会对第三方合法权益造成损害的政府信息，行政机关不得公开。但是，第三方同意公开或者行政机关认为不公开会对公共利益造成重大影响的，予以公开。

（3）内部事务信息、过程性信息以及行政执法案卷信息

《政府信息公开条例》（2019 修订）第十六条规定，行政机关的内部事务信息，包括人事管理、后勤管理、内部工作流程等方面的信息，可以不予公开。

行政机关在履行行政管理职能过程中形成的讨论记录、过程稿、磋商信函、请示报告等过程性信息以及行政执法案卷信息，可以不予公开。法律、法规、规章规定上述信息应当公开的，从其规定。

国务院办公厅《关于做好政府信息依申请公开工作的意见》（国办发〔2010〕5 号）明确，行政机关向申请人提供的政府信息，应当是正式、准确、完整的，申请人可以在生产、生活和科研中正式使用，也可以在诉讼或行政程序中作为书证使用。因此，行政机关在日常工作中制作或者获取的内部管理信息以及处于讨论、研究或者审查中的过程性信息，一般不属于《政府信息公开条例》所指应公开的政府信息。同时，《最高人民法院关于审理政府信息公开行政案件若干问题的规定》（法释〔2011〕17 号）也明确，对于"行政程序中的当事人、利害关系人以政府信息公开名义申请查阅案卷材料，行政机关告知其应当按照相关法律、法规的规定办理"的情形，公民、法人或者其他组织提起行政诉讼的，人民法院不予受理。

（4）需要行政机关汇总、加工或重新制作（作区分处理的除外）的非现有信息

国务院办公厅《关于做好政府信息依申请公开工作的意见》（国办发〔2010〕5 号）规定，行政机关向申请人提供的政府信息，应当是现有的，一般不需要行政机关汇总、加工或重新制作（作区分处理的除外）。依据《政府信息公开条例》精神，行政机关一般不承担为申请人汇总、加工或重新制作政府信息，以及向其他行政机关和公民、法人或者其他组织搜集信息的义务。

2019 年修订的《政府信息公开条例》第三十八条也明确，行政机关向申请人提供的信息，应当是已制作或者获取的政府信息。除依照本条例第三十七条的规定能够作区分处理的外，需要行政机关对现有政府信息进行加工、分析的，行政机关可以不予提供。

【法条链接】

《政府信息公开条例》（2019 修订）

第十七条 行政机关应当建立健全政府信息公开审查机制，明确审查的程序和责任。

行政机关应当依照《中华人民共和国保守国家秘密法》以及其他法律、法规和国家有关规定对拟公开的政府信息进行审查。

行政机关不能确定政府信息是否可以公开的，应当依照法律、法规和国家有关规定报有关主管部门或者保密行政管理部门确定。

4．政府信息公开的主体规定有哪些？

《政府信息公开条例》（2019 修订）第十条规定，"行政机关制作的政府信息"，由制作该政府信息的行政机关负责公开。"行政机关从公民、法人和其他组织获取的政府信息"，由保存该政府信息的行政机关负责公开；"行政机关获取的其他行政机关的政府信息"，由制作或者最初获取该政府信息的行政机关负责公开。法律、法规对政府信息公开的权限另有规定的，从其规定。

行政机关设立的派出机构、内设机构依照法律、法规对外以自己名义履行行政管理职能的，可以由该派出机构、内设机构负责与所履行行政管理职能有关的政府信息公开工作。两个以上行政机关共同制作的政府信息，由牵头制作的行政机关负责公开。

该条例第十一条规定，行政机关应当建立健全政府信息公开协调机制。行政机关公开政府信息涉及其他机关的，应当与有关机关协商、确认，保证行政机关公开的政府信息准确一致。行政机关公开政府信息依照法律、行政法规和国家有关规定需要批准的，经批准予以公开。

5. 哪些主体有权申请政府信息公开？

根据《政府信息公开条例》（2019 修订）第二十七条的规定，除行政机关主动公开的政府信息外，公民、法人或者其他组织可以向地方各级人民政府、对外以自己名义履行行政管理职能的县级以上人民政府部门（含条例第十条第二款规定的派出机构、内设机构）申请获取相关政府信息。

【法条链接】

《政府信息公开条例》（2019 修订）

第二十九条　公民、法人或者其他组织申请获取政府信息的，应当向行政机关的政府信息公开工作机构提出，并采用包括信件、数据电文在内的书面形式；采用书面形式确有困难的，申请人可以口头提出，由受理该申请的政府信息公开工作机构代为填写政府信息公开申请。

政府信息公开申请应当包括下列内容：

（一）申请人的姓名或者名称、身份证明、联系方式；

（二）申请公开的政府信息的名称、文号或者便于行政机关查询的其他特征性描述；

（三）申请公开的政府信息的形式要求，包括获取信息的方式、途径。

6. 收到政府信息公开申请后，生态环境主管部门应该如何处理政府信息公开？

根据《政府信息公开条例》的规定，对政府信息公开申请，生态环境主管部门应根据下列情况分别作出答复：

（1）所申请公开信息已经主动公开的，告知申请人获取该政府信息的方式、途径。

（2）所申请公开信息可以公开的，向申请人提供该政府信息，或者告知申请人获取该政府信息的方式、途径和时间。

（3）行政机关依据本条例的规定决定不予公开的，告知申请人不予公开并说明理由。

（4）经检索没有所申请公开信息的，告知申请人该政府信息不存在。

（5）所申请公开信息不属于本行政机关负责公开的，告知申请人并说明理由；能够确定负责公开该政府信息的行政机关的，告知申请人该行政机关的名称、联系方式。

（6）行政机关已就申请人提出的政府信息公开申请作出答复、申请人重复申请公开相同政府信息的，告知申请人不予重复处理。

（7）所申请公开信息属于工商、不动产登记资料等信息，有关法律、行政法规对信息的获取有特别规定的，告知申请人依照有关法律、行政法规的规定办理。

除根据上述情况进行答复外，提示注意：

（1）如果申请人以政府信息公开申请的形式进行信访、投诉、举报等活动，生态环境主管部门应当告知申请人不作为政府信息公开申请处理并可以告知通过相应渠道提出。

（2）如果申请人提出的申请内容为要求提供政府公报、报刊、书籍等公开出版物的，生态环境主管部门可以告知其获取的途径。

（3）如果申请公开的信息中含有不应当公开或者不属于政府信息的内容，但是能够作区分处理的，生态环境主管部门应当向申请人提供可以公开的政府信息内容，并对不予公开的内容说明理由。而且，向申请人提供的信息，应当是已制作或者获取的政府信息。除能够作区分处理的政府信息外，需要生态环境主管部门对现有政府信息进行加工、分析的，可以不予提供。

（4）如果申请人申请公开政府信息的数量、频次明显超过合理范围，生态环境主管部门可以要求申请人说明理由。生态环境主管部门认为申请理由不合理的，告知申请人不予处理；生态环境主管部门认为申请理由合理，但是无法在《政府信息公开条例》第三十三条规定的期限内答复申请人的，可以确定延迟答复的合理期限并告知申请人。

（5）生态环境主管部门依申请公开政府信息，应当根据申请人的要求及行政机关保存政府信息的实际情况，确定提供政府信息的具体形式；按照申请人要求的形式提供政府信息，可能危及政府信息载体安全或者公开成本过高的，可以通过电子数据以及其他适当形式提供，或者安排申请人查阅、抄录相关政府信息。

（6）申请公开政府信息的公民存在阅读困难或者视听障碍的，应当为其提供必要的帮助。

7. 政府信息公开的时间要求有哪些？

关于政府信息公开的时间规定，需要注意以下几点：

（1）如果政府信息公开申请内容不明确的，生态环境主管部门应当给予指导和释明，并自收到申请之日起 7 个工作日内一次性告知申请人作出补正，说明需要补正的事项和合理的补正期限。答复期限自生态环境主管部门收到补正的申请之日起计算。申请人无正当理由逾期不补正的，视为放弃申请，生态环境主管部门不再处理该政府信息公开申请。

（2）行政机关收到政府信息公开申请的时间，按照下列规定确定：a.申请人当面提交政府信息公开申请的，以提交之日为收到申请之日；b.申请人以邮寄方式提交政府信息公开申请的，以行政机关签收之日为收到申请之日；以平常信函等无须签收的邮寄方式提交政府信息公开申请的，政府信息公开工作机构应当于收到申请的当日与申请人确认，确认之日为收到申请之日；c.申请人通过互联网渠道或者政府信息公开工作机构的传真提交政府信息公开申请的，以双方确认之日为收到申请之日。

（3）依申请公开的政府信息公开会损害第三方合法权益的，行政机关应当书面征求第三方的意见。第三方应当自收到征求意见书之日起 15 个工作日内提出意见。第三方逾期未提出意见的，由行政机关依照本条例的规定决定是否公开。第三方不同意公开且有合理理由的，行政机关不予公开。行政机关认为不公开可能对公共利益造成重大影响的，可以决定予以公开，并将决定公开的政府信息内容和理由书面告知第三方。

（4）生态环境主管部门收到政府信息公开申请，能够当场答复的，应当场予以答复。不能当场答复的，应当自收到申请之日起 20 个工作日内予以答复；需要延长答复期限的，应当经政府信息公开工作机构负责人同意并告知申请人，延长的期限最长不得超过 20 个工作日。生态环境主管部门征求第三方和其他机关意见所需时间不计算在前述规定的期限内。

（5）申请公开的政府信息由两个以上行政机关共同制作的，牵头制作的行政机关收到政府信息公开申请后可以征求相关行政机关的意见，被征求意见机关应当自收到征求意见书之日起 15 个工作日内提出意见，逾期未提出意见的视为同意公开。

8．政府信息公开是否可以收费？

根据《政府信息公开条例》（2019 修订）第四十二条的规定，行政机关依申请提供政府信息，不收取费用。但是，申请人申请公开政府信息的数量、频次明显超过合理范围的，行政机关可以收取信息处理费。

行政机关收取信息处理费的具体办法由国务院价格主管部门会同国务院财政部门、全国政府信息公开工作主管部门制定。

9．未依法履行信息公开义务，生态环境主管部门将面临何种风险？

生态环境主管部门未依法履行信息公开义务，将可能面临如下风险：

（1）对行政机关未按照要求开展政府信息公开工作的，政府信息公开工作主管部门可以予以督促整改或者通报批评；需要对负有责任的领导人员和直接责任人员追究责任的，依法向有权机关提出处理建议。

（2）公民、法人或者其他组织认为行政机关未按照要求主动公开政府信息或者对政府信息公开申请不依法答复处理的，可以向政府信息公开工作主管部门提出。政府信息公开工作主管部门查证属实的，应当予以督促整改或者通报批评。

（3）公民、法人或者其他组织认为行政机关在政府信息公开工作中侵犯其合法权益的，可以向上一级行政机关或者政府信息公开工作主管部门投诉、举报，也可以依法申请行政复议或者提起行政诉讼。

（4）根据《政府信息公开条例》第五十三条规定，行政机关违反条例的规定，有"不依法履行政府信息公开职能""不及时更新公开的政府信息内容、政府信息公开指南和政府信息公开目录"或者"违反本条例规定的其他情形"情形之一的，由上一级行政机关责令改正；情节严重的，对负有责任的领导人员和直接责任人员依法给予处分；构成犯罪的，依法追究刑事责任。

【法条链接】

《政府信息公开条例》（2019 修订）

第四十七条　政府信息公开工作主管部门应当加强对政府信息公开工作的日常指导和监督检查，对行政机关未按照要求开展政府信息公开工作的，予以督促整改或者通报批评；需要对负有责任的领导人员和直接责任人员追究责任的，依法向有权机关提出处理建议。

公民、法人或者其他组织认为行政机关未按照要求主动公开政府信息或者对政府信息公开申请不依法答复处理的，可以向政府信息公开工作主管部门提出。政府信息公开工作主管部门查证属实的，应当予以督促整改或者通报批评。

第五十一条　公民、法人或者其他组织认为行政机关在政府信息公开工作中侵犯其合法权益的，可以向上一级行政机关或者政府信息公开工作主管部门投诉、举报，也可以依法申请行政复议或者提起行政诉讼。

> **第五十二条** 行政机关违反本条例的规定，未建立健全政府信息公开有关制度、机制的，由上一级行政机关责令改正；情节严重的，对负有责任的领导人员和直接责任人员依法给予处分。
>
> **第五十三条** 行政机关违反本条例的规定，有下列情形之一的，由上一级行政机关责令改正；情节严重的，对负有责任的领导人员和直接责任人员依法给予处分；构成犯罪的，依法追究刑事责任：
>
> （一）不依法履行政府信息公开职能；
>
> （二）不及时更新公开的政府信息内容、政府信息公开指南和政府信息公开目录；
>
> （三）违反本条例规定的其他情形。

10．环境行政处罚信息公开的方式和途径有哪些？

《环境行政处罚办法》（2010 修订）第七十二条规定："除涉及国家机密、技术秘密、商业秘密和个人隐私外，行政处罚决定应当向社会公开。"因此，环境行政处罚信息属于政府主动公开信息范围。生态环境主管部门应该按照《政府信息公开条例》第十五条规定，将不涉及国家机密、技术秘密、商业秘密和个人隐私的环境行政处罚决定，通过政府公报、政府网站、新闻发布会以及报刊、广播、电视等便于公众知晓的方式公开。

六、投诉信访

（一）基本概念

1．什么是信访？

根据《信访条例》（2005 修订）的规定，信访是指公民、法人或者其他组织采用书信、电子邮件、传真、电话、走访等形式，向各级人民政府、县级以上人民政府工作部门反映情况，提出建议、意见或者投诉请求，依法由有关行政机关处理的活动。

2．信访的渠道有哪些？

根据《信访条例》（2005 修订）的规定，各级人民政府、县级以上人民政府工作部门应当向社会公布信访工作机构的通信地址、电子信箱、投诉电话、信访接待的时间和地点、查询信访事项处理进展及结果的方式等相关事项。

各级人民政府、县级以上人民政府工作部门应当在其信访接待场所或者网站公布与信访工作有关的法律、法规、规章，信访事项的处理程序，以及其他为信访人提供便利的相关事项。

设区的市级、县级人民政府及其工作部门，乡、镇人民政府应当建立行政机关负责人信访接待日制度，由行政机关负责人协调处理信访事项。信访人可以在公布的接待日和接待地点向有关行政机关负责人当面反映信访事项。县级以上人民政府及其工作部门负责人或者其指定的人员，可以就信访人反映突出的问题到信访人居住地与信访人面谈沟通。

国家信访工作机构充分利用现有政务信息网络资源，建立全国信访信息系统，为信访人在当地提出信访事项、查询信访事项办理情况提供便利。县级以上地方人民政府应当充分利用现有政务信息网络资源，建立或者确定本行政区域的信访信息系统，并与上级人民政府、政府有关部门、下级人民政府的信访信息系统实现互联互通。

设区的市、县两级人民政府可以根据信访工作的实际需要，建立政府主导、社会参与、有利于迅速解决纠纷的工作机制。

信访工作机构应当组织相关社会团体、法律援助机构、相关专业人员、社会志愿者等共同参与，运用咨询、教育、协商、调解、听证等方法，依法、及时、合理处理信访人的投诉请求。

3．信访的事项包括什么？

根据《信访条例》（2005 修订）第十四条的规定，信访人对下列组织、人员的职务行为反映情况，提出建议、意见，或者不服下列组织、人员的职务行为，可以向有关行政机关提出信访事项：

（1）行政机关及其工作人员；

（2）法律、法规授权的具有管理公共事务职能的组织及其工作人员；

（3）提供公共服务的企业、事业单位及其工作人员；

（4）社会团体或者其他企业、事业单位中由国家行政机关任命、派出的人员；

（5）村民委员会、居民委员会及其成员。

对依法应当通过诉讼、仲裁、行政复议等法定途径解决的投诉请求，信访人应当依照有关法律、行政法规规定的程序向有关机关提出。

根据《环境信访办法》（国家环境保护总局令 第 34 号）第十六条的规定，信访人可以提出以下环境信访事项：

（1）检举、揭发违反环境保护法律、法规和侵害公民、法人或者其他组织合法环境权益的行为；

（2）对环境保护工作提出意见、建议和要求；

（3）对环境保护行政主管部门（现为生态环境主管部门）及其所属单位工作人员提出批评、建议和要求。

对依法应当通过诉讼、仲裁、行政复议等法定途径解决的投诉请求，信访人应当依照有关法律、行政法规规定的程序向有关机关提出。

同时，信访人的环境信访事项，应当依法向有权处理该事项的本级或者上一级生态环境主管部门提出。

4．信访事项的受理原则是什么？

信访事项受理时应当遵循"属地管理、分级负责，谁主管、谁负责"的原则。

同时，根据《环境信访办法》（国家环境保护总局令 第34号）第二十二条的规定，各级环境信访工作机构收到信访事项，应当予以登记，并区分情况，分别按下列方式处理：

（1）信访人提出属于本办法第十六条规定的环境信访事项的，应予以受理，并及时转送、交办本部门有关内设机构、单位或下一级环境保护行政主管部门（现为生态环境主管部门）处理，要求其在指定办理期限内反馈结果，提交办结报告，并回复信访人。对情况重大、紧急的，应当及时提出建议，报请本级环境保护行政主管部门负责人决定。

（2）对不属于环境保护行政主管部门处理的信访事项不予受理，但应当告知信访人依法向有关机关提出。

（3）对依法应当通过诉讼、仲裁、行政复议等法定途径解决的，应当告知信访人依照有关法律、行政法规规定程序向有关机关和单位提出。

（4）对信访人提出的环境信访事项已经受理并正在办理中的，信访人在规定的办理期限内再次提出同一环境信访事项的，不予受理。

对信访人提出的环境信访事项，环境信访机构能够当场决定受理的，应当场答复；不能当场答复是否受理的，应当自收到环境信访事项之日起15日内书面告知信访人。但是信访人的姓名（名称）、住址或联系方式不清而联系不上的除外。

各级环境保护行政主管部门工作人员收到的环境信访事项，交由环境信访工作机构按规定处理。

【法条链接】

《环境信访办法》（国家环境保护总局令　第34号）

第二十二条　各级环境信访工作机构收到信访事项，应当予以登记，并区分情况，分别按下列方式处理：

（一）信访人提出属于本办法第十六条规定的环境信访事项的，应予以受理，并及时转送、交办本部门有关内设机构、单位或下一级环境保护行政主管部门处理，要求其在指定办理期限内反馈结果，提交办结报告，并回复信访人。对情况重大、紧急的，应当及时提出建议，报请本级环境保护行政主管部门负责人决定。

（二）对不属于环境保护行政主管部门处理的信访事项不予受理，但应当告知信访人依法向有关机关提出。

（三）对依法应当通过诉讼、仲裁、行政复议等法定途径解决的，应当告知信访人依照有关法律、行政法规规定程序向有关机关和单位提出。

（四）对信访人提出的环境信访事项已经受理并正在办理中的，信访人在规定的办理期限内再次提出同一环境信访事项的，不予受理。

对信访人提出的环境信访事项，环境信访机构能够当场决定受理的，应当场答复；不能当场答复是否受理的，应当自收到环境信访事项之日起15日内书面告知信访人。但是信访人的姓名（名称）、住址或联系方式不清而联系不上的除外。

各级环境保护行政主管部门工作人员收到的环境信访事项，交由环境信访工作机构按规定处理。

第二十三条　同级人民政府信访机构转送、交办的环境信访事项，接办的环境保护行政主管部门应当自收到转送、交办信访事项之日起15日内，决定是否受理并书面告知信访人。

第二十四条　环境信访事项涉及两个或两个以上环境保护行政主管部门时，最先收到环境信访事项的环境保护行政主管部门可进行调查，由环境信访事项涉及的环境保护行政主管部门协商受理，受理有争议的，由上级环境保护行政主管部门协调、决定受理部门。

对依法应当由其他环境保护行政主管部门处理的环境信访事项，环境信访工作人员应当告知信访人依照属地管理规定向有权处理的环境保护行政主管部门提出环境信访事项，并将环境信访事项转送有权处理的环境保护行政主管部门；上级环境保护行政主管部门认为有必要直接受理的环境信访事项，可以直接受理。

第二十五条　信访人提出可能造成社会影响的重大、紧急环境信访事项时，环境信访工作人员应当及时向本级环境保护行政主管部门负责人报告。本级环境保护行政主管部门应当在职权范围内依法采取措施，果断处理，防止不良影响的发生或扩大，并立即报告本级人民政府和上一级环境保护行政主管部门。

突发重大环境信访事项时，紧急情况下可直接报告国家环境保护总局或国家信访局。

环境保护行政主管部门对重大、紧急环境信访事项不得隐瞒、谎报、缓报，或者授意他人隐瞒、谎报、缓报。

5. 生态环境主管部门如何应对电磁领域的信访？信访人拒绝接收答复意见该如何处理？

与环境保护信访有关的规定主要包括《信访条例》（2005修订）、2006年环境保护总局出台的《环境信访办法》和2010年环境保护部公布的《环保举报热线工作管理办法》。上述文件对信访人、举报人对环境执法行为的监督方式和程序，予以明确规定。

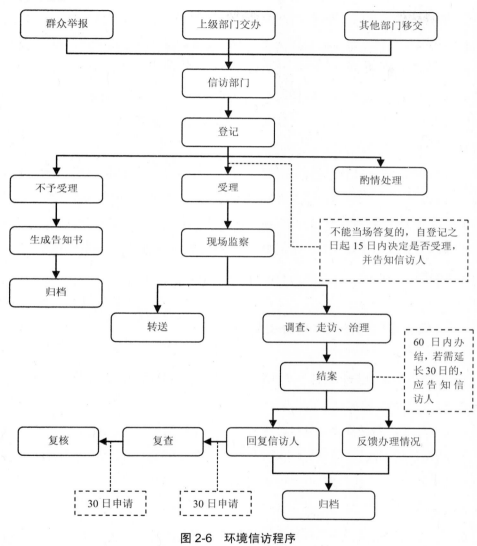

图 2-6　环境信访程序

根据《信访条例》（2005 修订）的规定，对信访事项有权处理的行政机关经调查核实，应当依照有关法律、法规、规章及其他有关规定作出处理，并书面答复信访人。当信访人拒绝当面接收答复意见的，行政机构采用邮寄方式送达并无不当。

同时,《关于印发〈输变电工程公众沟通工作指南(试行)〉的函》(环办函〔2015〕1745 号)规定,输变电工程公众沟通工作机制由省级电网公司主动商地方人民政府确定。输变电工程建设单位及其委托的设计、环评、施工、监理、监测、验收等单位,按照各自职责开展输变电工程公众沟通工作,并协同输变电工程所在地人民政府及宣传、公安、信访、规划、发改、经信、能源、环保、住建、国土、水利等部门开展工作。

生态环境主管部门在受理电磁领域的信访时,对于信访人提出的不属于本部门职权范围内的信访事项,应当告知信访人向有权的机关提出信访,比如涉及规划的由住建主管部门管理,涉及土地的由自然资源主管部门管理,涉及供电管理的由能源主管部门管理,对于不清晰主管部门的,可以建议其向县级以上人民信访工作机构提出信访,由该机构转交有权机关处理。

6. 信访事项的办理和督办要求有什么?

(1)信访事项办理要求

《信访条例》(2005 修订)第二十八条规定:"行政机关及其工作人员办理信访事项,应当恪尽职守、秉公办事,查明事实、分清责任,宣传法制、教育疏导,及时妥善处理,不得推诿、敷衍、拖延。"

《环境信访办法》(国家环境保护总局令 第 34 号)第二十八条规定:"有权做出处理决定的环境保护行政主管部门工作人员与环境信访事项或者信访人有直接利害关系的,应当回避。"

第二十九条规定:"各级环境保护行政主管部门或单位对办理的环境信访事项应当进行登记,并根据职责权限和信访事项的性质,按照下列程序办理:

(一)经调查核实,依据有关规定,分别做出以下决定:

1. 属于环境信访受理范围、事实清楚、法律依据充分,做出予以支持的决定,并答复信访人;

2. 信访人的请求合理但缺乏法律依据的，应当对信访人说服教育，同时向有关部门提出完善制度的建议；

3. 信访人的请求不属于环境信访受理范围，不符合法律、法规及其他有关规定的，不予支持，并答复信访人。

（二）对重大、复杂、疑难的环境信访事项可以举行听证。听证应当公开举行，通过质询、辩论、评议、合议等方式，查明事实，分清责任。听证范围、主持人、参加人、程序等可以按照有关规定执行。"

第三十条规定："环境信访事项应当自受理之日起 60 日内办结，情况复杂的，经本级环境保护行政主管部门负责人批准，可以适当延长办理期限，但延长期限不得超过 30 日，并应告知信访人延长理由；法律、行政法规另有规定的，从其规定。

对上级环境保护行政主管部门或者同级人民政府信访机构交办的环境信访事项，接办的环境保护行政主管部门必须按照交办的时限要求办结，并将办理结果报告交办部门和答复信访人；情况复杂的，经本级环境保护行政主管部门负责人批准，并向交办部门说明情况，可以适当延长办理期限，并告知信访人延期理由。

上级环境保护行政主管部门或者同级人民政府信访机构认为交办的环境信访事项处理不当的，可以要求原办理的环境保护行政主管部门重新办理。"

（2）信访事项督办要求

《信访条例》（2005 修订）第三十六条规定："县级以上人民政府信访工作机构发现有关行政机关有下列情形之一的，应当及时督办，并提出改进建议：

（一）无正当理由未按规定的办理期限办结信访事项的；

（二）未按规定反馈信访事项办理结果的；

（三）未按规定程序办理信访事项的；

（四）办理信访事项推诿、敷衍、拖延的；

（五）不执行信访处理意见的；

（六）其他需要督办的情形。

收到改进建议的行政机关应当在 30 日内书面反馈情况；未采纳改进建议的，应当说明理由。"

7. 怎样应对群体性上访事件？

群体性上访，是指某些利益诉求相同或者相近的公民、法人或者其他组织，在其利益受损或者不能满足时，未按照正常程序上访主张自身利益的行为。近年来，与电磁环境相关的群体性上访事件数量增多，频率加快，成为影响社会稳定的重要因素之一。因此，如何提高预测、化解和处置能力，有效控制事态发展，是摆在政府部门面前的一个重要课题。

在工程的启动、建设和运行过程中，建设单位和环保部门应做好相应的宣传和解释工作，做好信息公开和公众参与工作，及时安排环境监测，减少群众的疑虑，做到事前疏导防范、事初受理倾听、事中依法处理、事后总结反思。

电磁环境领域涉及群体性上访的，生态环境主管部门应及时将信息汇报给项目所在地人民政府，并视项目情况将信息传达至宣传、公安、信访、规划、发改、经信、能源、住建、自然资源、水利等其他相关部门。

（二）常见投诉信访事项的处理建议

1. 基站机房空调、设备的噪声投诉是否归类为社会生活噪声？生态环境主管部门应该依据什么规范处理？

依据《环境噪声污染防治法》（2018 修正）的规定，环境噪声包括在工业生产、建筑施工、交通运输和社会生活中所产生的干扰周围生活环境的声音。

工业噪声，是指在工业生产活动中使用固定的设备时产生的干扰周围生活环境的声音。社会生活噪声，是指人为活动所产生的除工业噪声、建筑施工噪声和交通运输噪声之外的干扰周围生活环境的声音。

基站机房空调、设备的噪声应属于工业噪声。生态环境主管部门接受此类噪声投诉后，应派员现场进行监测，对存在违法行为的，依法进行查处。

2. 作为生态环境主管部门是否按照分类管理名录及备忘录要求，核实运营商履行了环评登记表备案、委托检测报告合格即可？

2017 年 12 月 20 日，环境保护部办公厅发布了《关于印发〈通信基站环境保护工作备忘录〉的通知》（环办辐射函〔2017〕1990 号），该文件第九条规定：各运营商和铁塔公司、各地环境保护主管部门及通信行业主管部门应就信访投诉等情况积极沟通。

对于在铁塔公司的站址上架设天线的通信基站，原则上由铁塔公司统一组织处理公众环境信访投诉等情况，各运营商积极予以配合。其他通信基站由其运营商分别负责处理公众环境信访投诉等情况。

发生公众对通信基站环境信访投诉等情况时，各运营商和铁塔公司按照上述条款及时委托依法通过计量认证的监测机构开展环境监测，出具监测报告并报告生态环境主管部门，对监测发现超过环境保护标准的通信基站应及时采取措施进行整改。

对通信基站的环境信访投诉，各地生态环境主管部门应重点核实是否经依法通过计量认证的监测机构监测并满足环境保护标准。对不属于生态环境主管部门职权范围的信访事项，应告知信访人向有权的机关提出。

3. 公众提出《公众意见调查》存在弄虚作假如何解释？

建设单位公众意见调查表系被调查人自行填写，被调查人填写内容的真实性建设单位无法控制和确认。由此产生的虚假信息，反映了公众意见调查过程中的真实情况，但不能据此否认公众意见调查全部真实性。

若是建设单位主动组织人员弄虚作假，《公众意见调查》结果应不予认可。

七、行政复议

1．什么是行政复议？

行政复议是指公民、法人或者其他组织不服行政主体作出的具体行政行为，认为行政主体的具体行政行为侵犯了其合法权益，依法向法定的行政复议机关提出复议申请，行政复议机关依法对该具体行政行为进行合法性、适当性审查，并作出行政复议决定的行政行为，是公民、法人或其他组织通过行政救济途径解决行政争议的一种方法。

2．环境行政复议的程序如何？

依据《行政复议法》和《环境行政复议办法》的规定，环境行政复议的程序主要包括申请、立案、调查审理、处理、送达、执行等几个阶段，程序如图 2-7 所示。

3．行政复议的受案范围是什么？

根据《行政复议法》第六条的规定，行政复议的受案范围如下：

（1）对行政机关作出的警告、罚款、没收违法所得、没收非法财物、责令停产停业、暂扣或者吊销许可证、暂扣或者吊销执照、行政拘留等行政处罚决定不服的；

（2）对行政机关作出的限制人身自由或者查封、扣押、冻结财产等行政强制措施决定不服的；

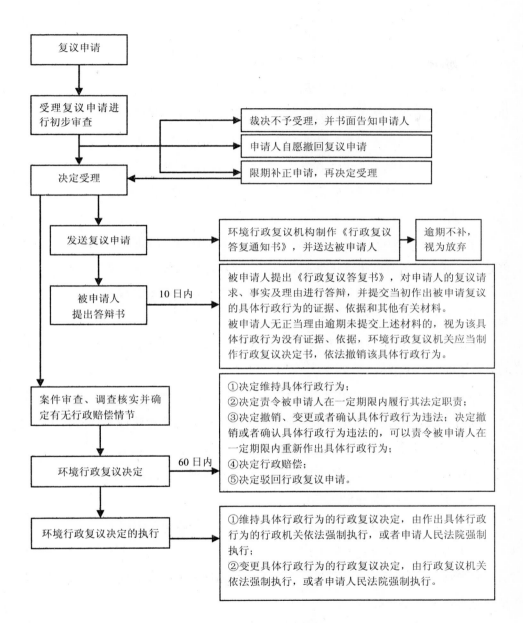

图 2-7 环境行政复议程序图

（3）对行政机关作出的有关许可证、执照、资质证、资格证等证书变更、中止、撤销的决定不服的；

（4）对行政机关作出的关于确认土地、矿藏、水流、森林、山岭、草原、荒地、滩涂、海域等自然资源的所有权或者使用权的决定不服的；

（5）认为行政机关侵犯合法的经营自主权的；

（6）认为行政机关变更或者废止农业承包合同，侵犯其合法权益的；

（7）认为行政机关违法集资、征收财物、摊派费用或者违法要求履行其他义务的；

（8）认为符合法定条件，申请行政机关颁发许可证、执照、资质证、资格证等证书，或者申请行政机关审批、登记有关事项，行政机关没有依法办理的；

（9）申请行政机关履行保护人身权利、财产权利、受教育权利的法定职责，行政机关没有依法履行的；

（10）申请行政机关依法发放抚恤金、社会保险金或者最低生活保障费，行政机关没有依法发放的；

（11）认为行政机关的其他具体行政行为侵犯其合法权益的。

同时，公民、法人或者其他组织认为行政机关的具体行政行为所依据的规定不合法，在对具体行政行为申请行政复议时，可以一并向行政复议机关提出对该规定的审查申请。根据《行政复议法》第七条的规定，规定的范围如下：

（1）国务院部门的规定；

（2）县级以上地方各级人民政府及其工作部门的规定；

（3）乡、镇人民政府的规定。

前款所列规定不含国务院部、委员会规章和地方人民政府规章。规章的审查依照法律、行政法规办理。

需要注意的是，《行政复议法》第八条明确："不服行政机关作出的行政处分或者其他人事处理决定的，依照有关法律、行政法规的规定提出申诉。不服行政机关对民事纠纷作出的调解或者其他处理，依法申请仲裁或者向人民法院提起诉讼。"

表2-2　行政复议的受案范围

行政复议受案范围的具体列举标准	行政行为	肯定列举：行政处罚、行政强制、行政许可、行政确认、侵犯经营自主权的行政行为、农业承包合同、行政给付、行政许可不作为、兜底条款	
		否定列举：人事处理行为、民事调处行为、其他不属于行政复议受案范围的行为	
	规范性文件	肯定列举的可以附带审查的规范性文件	国务院部门的规定；县级以上地方各级人民政府及其工作部门的规定；乡、镇人民政府的规定
		否定列举的受案范围	国务院的所有抽象行政行为（行政法规和国务院决定）
			国务院部、委员会规章和地方人民政府规章

4. 行政复议提出主体资格是什么？

提出行政复议的人，必须是认为行政机关行使职权的行为侵犯其合法权益的公民、法人或者其他组织。

有权申请行政复议的公民死亡的，其近亲属可以申请行政复议。有权申请行政复议的公民为无民事行为能力人或者限制民事行为能力人的，其法定代理人可以代为申请行政复议。有权申请行政复议的法人或者其他组织终止的，承受其权利的法人或者其他组织可以申请行政复议。

同申请行政复议的具体行政行为有利害关系的其他公民、法人或者其他组织，可以作为第三人参加行政复议。

5. 行政复议机关如何确定？

行政复议机关是指依照法律的规定，有权受理行政复议申请，依法对具体行政行为进行审查并作出裁决的行政机关。行政复议机关的确定方式如下：

（1）对县级以上地方各级人民政府工作部门的具体行政行为不服的，由申请人选择，可以向该部门的本级人民政府申请行政复议，也可以向上一级主管部门申请行政复议。

（2）对海关、金融、国税、外汇管理等实行垂直领导的行政机关和国家安全机关的具体行政行为不服的，向上一级主管部门申请行政复议。

（3）对地方各级人民政府的具体行政行为不服的，向上一级地方人民政府申请行政复议。

（4）对省、自治区人民政府依法设立的派出机关所属的县级地方人民政府的具体行政行为不服的，向该派出机关申请行政复议。

（5）对国务院部门或者省、自治区、直辖市人民政府的具体行政行为不服的，向作出该具体行政行为的国务院部门或者省、自治区、直辖市人民政府申请行政复议。对行政复议决定不服的，可以向人民法院提起行政诉讼；也可以向国务院申请裁决，国务院依照《行政复议法》的规定作出最终裁决。

（6）对县级以上地方人民政府依法设立的派出机关的具体行政行为不服的，向设立该派出机关的人民政府申请行政复议。

（7）对政府工作部门依法设立的派出机构依照法律、法规或者规章规定，以自己的名义作出的具体行政行为不服的，向设立该派出机构的部门或者该部门的本级地方人民政府申请行政复议。

（8）对法律、法规授权的组织的具体行政行为不服的，分别向直接管理该组织的地方人民政府、地方人民政府工作部门或者国务院部门申请行政复议。

（9）对两个或者两个以上行政机关以共同的名义作出的具体行政行为不服的，向其共同上一级行政机关申请行政复议。

（10）对被撤销的行政机关在撤销前所作出的具体行政行为不服的，向继续行使其职权的行政机关的上一级行政机关申请行政复议。

有前述（6）（7）（8）（9）（10）所列情形之一的，申请人也可以向具体行政行为发生地的县级地方人民政府提出行政复议申请，由接受申请的县级地方人民政府依照《行政复议法》第十八条的规定办理。

6. 行政复议的受理规定如何？

行政复议机关收到行政复议申请后，应当在 5 日内进行审查，对不符合《行政复议法》规定的行政复议申请，决定不予受理，并书面告知申请人；对符合《行政复议法》规定，但是不属于本机关受理的行政复议申请，应当告知申请人向有关行政复议机关提出。

除前款规定外，行政复议申请自行政复议机关负责法制工作的机构收到之日起即为受理。

申请行政复议应当具备以下条件：

（1）申请人应当是认为具体行政行为侵犯其合法权益的公民、法人或其他组织；

（2）申请行政复议的事项应当属于行政复议法规定的范围且依法应当由本行政复议机关受理；

（3）申请行政复议应当有明确的被申请人、复议请求和理由；

（4）申请行政复议应当在知道该具体行政行为之日起 60 日内提出，法律规定的申请期限超过 60 日的除外。超过法定申请期限的，申请人应当向本机关说明理由。

表 2-3 行政复议相关规定

申请材料补正制度	补正的时间	行政复议机构在收到行政复议申请之日起 5 日内书面通知申请人补正
		补正申请材料所用时间不计入行政复议审理期限
审查决定	不符合法定受理条件的行政复议申请	决定不予受理，并书面告知申请人
	符合法律规定，但是不属于本机关受理的行政复议申请	应当告知申请人向有关行政复议机关提出
	除前述情形外，行政复议申请自行政复议机关负责法制工作的机构收到之日起即为受理	
不予受理的救济	行政救济途径	1. 由上级行政机关责令其受理； 2. 必要时，上级行政机关也可以直接受理

不予受理的救济	司法救济途径	"复议不作为，选择告"： 1. 以行政复议机关不作为为由向法院提起行政诉讼，要求法院判决复议机关受理或者作出复议决定； 2. 在复议机关不予受理的情况下，向法院起诉原决定机关，请求法院对原行为进行审理
行政复议申请的费用	不得向申请人收取任何费用	

【法条链接】

《行政复议法》（2017 修正）

第十八条　依照本法第十五条第二款的规定接受行政复议申请的县级地方人民政府，对依照本法第十五条第一款的规定属于其他行政复议机关受理的行政复议申请，应当自接到该行政复议申请之日起七日内，转送有关行政复议机关，并告知申请人。接受转送的行政复议机关应当依照本法第十七条的规定办理。

第十九条　法律、法规规定应当先向行政复议机关申请行政复议、对行政复议决定不服再向人民法院提起行政诉讼的，行政复议机关决定不予受理或者受理后超过行政复议期限不作答复的，公民、法人或者其他组织可以自收到不予受理决定书之日起或者行政复议期满之日起十五日内，依法向人民法院提起行政诉讼。

第二十条　公民、法人或者其他组织依法提出行政复议申请，行政复议机关无正当理由不予受理的，上级行政机关应当责令其受理；必要时，上级行政机关也可以直接受理。

第二十一条　行政复议期间具体行政行为不停止执行；但是，有下列情形之一的，可以停止执行：

（一）被申请人认为需要停止执行的；

（二）行政复议机关认为需要停止执行的；

（三）申请人申请停止执行，行政复议机关认为其要求合理，决定停止执行的；

（四）法律规定停止执行的。

7. 行政复议的审查范围是什么?

依据《行政复议法》第三条的规定,行政复议机关应当审查申请行政复议的具体行政行为是否合法与适当。同时,依据该法第七条的规定,如果公民、法人或者其他组织认为行政机关的具体行政行为所依据的规定不合法,在对具体行政行为申请行政复议时,可以一并向行政复议机关提出对该规定的审查申请。

表 2-4　行政复议审查相关规定

审查方式	行政复议机构审理行政案件,应当由 2 名以上行政复议人员参加
	原则上书面审理
听证	适用条件:重大、复杂的案件
	启动方式:依申请+依职权
举证	申请人享有提供自己合法权益被行政行为侵害的事实及证据的权利
查阅材料	1. 主体:申请人和第三人。 2. 内容:被申请人提出的书面答复、作出行政行为的证据、依据和其他有关材料。 3. 例外:涉及国家秘密、商业秘密或者个人隐私的材料
复议中止	指在行政复议过程中,因发生特殊情况而中途停止复议程序的一种法律制度
复议终止	指在行政复议过程中,因发生特殊情况而结束正在进行的复议活动的一种法律制度
中止向终止的转化	出现以下三种中止情形且满 60 日行政复议中止的原因仍未消除的,行政复议终止: 1. 作为申请人的自然人死亡,其近亲属尚未确定是否参加行政复议的; 2. 作为申请人的自然人丧失参加行政复议的能力,尚未确定法定代理人参加行政复议的; 3. 作为申请人的法人或者其他组织终止,尚未确定权利义务承受人的
期限	1. 行政复议机关应当自受理申请之日起 60 日内作出行政复议决定;法律规定少于 60 日的除外。 2. 情况复杂,不能在规定期限内作出行政复议决定的,经行政复议机关的负责人批准,可以适当延长,并告知申请人和被申请人;但是延长期限最多不超过 30 日

8. 行政复议相关时间要求是什么？

表2-5　行政复议相关时间要求

申请期限		可以自知道该具体行政行为之日起60日内提出行政复议申请；但是法律规定的申请期限超过60日的除外
起算时间	针对作为	当场作出具体行政行为的，自具体行政行为作出之日起计算
		载明具体行政行为的法律文书直接送达的，自受送达人签收之日起计算
		载明具体行政行为的法律文书邮寄送达的，自受送达人在邮件签收单上签收之日起计算；没有邮件签收单的，自受送达人在送达回执上签名之日起计算
		具体行政行为依法通过公告形式告知受送达人的，自公告规定的期限届满之日起计算
		行政机关作出具体行政行为时未告知公民、法人或者其他组织，事后补充告知的，自该公民、法人或者其他组织收到行政机关补充告知的通知之日起计算
		被申请人能够证明公民、法人或者其他组织知道具体行政行为的，自证据材料证明其知道具体行政行为之日起计算
	针对不作为	有履行期限规定的，自履行期限届满之日起计算
		没有履行期限规定的，自行政机关收到申请满60日起计算
		公民、法人或者其他组织在紧急情况下请求行政机关履行保护人身权、财产权的法定职责，行政机关不履行的，行政复议申请期限不受前款规定的限制
申请方式		申请人申请行政复议，可以书面申请，也可以口头申请；口头申请的，行政复议机关应当当场记录申请人的基本情况、行政复议请求、申请行政复议的主要事实、理由和时间

【法条链接】

《行政复议法》（2017修正）

第九条　公民、法人或者其他组织认为具体行政行为侵犯其合法权益的，可以自知道该具体行政行为之日起六十日内提出行政复议申请；但是法律规定的申请期限超过六十日的除外。因不可抗力或者其他正当理由耽误法定申请期限的，申请期限自障碍消除之日起继续计算。

　　第三十一条第一款　行政复议机关应当自受理申请之日起六十日内作出行政复议决定；但是法律规定的行政复议期限少于六十日的除外。情况复杂，不能在规定期限内作出行政复议决定的，经行政复议机关的负责人批准，可以适当延长，并告知申请人和被申请人；但是延长期限最多不超过三十日。

　　《行政复议法实施条例》

　　第二十九条　行政复议申请材料不齐全或者表述不清楚的，行政复议机构可以自收到该行政复议申请之日起5日内书面通知申请人补正。补正通知应当载明需要补正的事项和合理的补正期限。无正当理由逾期不补正的，视为申请人放弃行政复议申请。补正申请材料所用时间不计入行政复议审理期限。

9. 行政复议申请人有哪些权利与义务？

　　在行政复议过程中，行政复议申请人主要享有如下权利：

　　（1）申请复议的权利；

　　（2）委托代理人的权利（在行政复议中，复议申请人可以书面委托行政复议代理人代为参加复议）；

　　（3）申请回避的权利；

　　（4）撤回复议申请的权利；

　　（5）申请执行的权利（对已发生法律效力的复议决定，复议申请人有依法申请执行的权利）；

　　（6）提起诉讼的权利（复议申请人对复议决定不服的，可在法定时限内依法向人民法院提起行政诉讼）；

　　（7）法律、法规规定的其他权利。

　　在行政复议过程中，行政复议申请人需要承担如下义务：

　　（1）在复议过程中，复议申请人应自觉遵守复议纪律，维护复议秩序，听从复议机关依法作出的安排；

（2）复议申请人应自觉履行已生效的复议决定；

（3）法律、法规所规定的其他义务。

10．行政复议被申请人有哪些权利与义务？

在行政复议过程中，行政复议被申请人主要享有以下权利：

（1）对申请人提出的行政复议申请及第三人的有关陈述，有权在提交答复书及整个复议阶段进行反驳；在听证过程中，被申请人有陈述、举证、质证和辩论的权利，有核对听证笔录的权利；

（2）除《行政复议法》第二十一条规定的情形外，原行政决定不停止执行；

（3）如发现办理案件的复议人员与本案有利害关系或其他关系，可能影响案件公正审理的，有权要求该办案人员回避；

（4）对复议机关需要勘验现场的，有权要求复议机关通知其到场；

（5）对提交的行政复议答复书、证据、依据，有权要求复议机关办案人员签收；

（6）有权与申请人、第三人自行和解，有权要求复议机关对案件进行调解，复议机关认为有调解必要且申请人（第三人）同意调解的，该行政复议中止，进入案件调解程序。

在行政复议过程中，行政复议被申请人需要承担如下义务：

（1）被申请人应当自收到行政复议申请书副本或者申请笔录复印件之日起10日内，提出书面答复，并提交当初作出具体行政行为的证据、依据和其他有关材料。被申请人未提交或逾期提交的，复议机关有权拒收，并视为该具体行政行为没有证据、依据，可径直作出撤销被申请人具体行政行为的复议决定。

（2）在行政复议过程中，被申请人不得自行向申请人和其他有关组织或者个人收集证据。

（3）对有关办案人员提出的回避申请，必须以书面形式提出，并说明要求回避的事实与理由。

（4）被申请人必须按照复议机关的通知，按规定的人数到场到会，按时到达勘验现场，或按时参加听证会。在勘验现场或听证会上，被申请人须服从复议（主持）人员的指挥，遵守复议纪律，不得借故吵闹，扰乱正常的勘验现场及听证会秩序，否则，须承担相关的法律责任。

（5）被申请人对作出的行政复议决定，无权向法院提起诉讼。一经送达即发生法律效力，但申请人及第三人向法院提起诉讼的除外。被申请人有义务按复议决定的内容履行，否则，不履行或无正当理由拖延履行的，将对直接负责的主管人员和其他直接责任人员按《行政复议法》的有关规定追究责任。

11．行政复议机关的审查要求是什么？

（1）合法、公正、公开、及时和便民原则

合法原则，是任何行政行为和司法行为都必须遵守的基本原则。

公正原则，是指行政复议要符合公平、正义的要求。

公开原则，此原则要求行政复议的依据、程序及其结果都要公开，复议参加人有获得相关情报资料的权利。

及时原则，是指复议机关应当在法律许可的期限内，以效率为目标，及时完成复议案件的审理工作。

便民原则，要求行政复议要方便行政相对人获得该种行政救济，而不因此遭受拖累。

（2）书面审查原则

行政复议则是一种行政司法行为，它具有行政性，它不仅要追求公平，更要追求效率。行政复议不可能像行政诉讼那样要经过严格的开庭辩论程序，只需根据双方提供的书面材料就可以审理定案，以求实现行政效率。

（3）合法性和适当性审查原则

这一原则要求，行政复议机关在实施行政复议时，不仅应当审查具体行政行为的合法性，还要审查它的合理性。

12. 复议机关如何作出行政复议决定？

《行政复议法》第二十八条规定，行政复议机关负责法制工作的机构应当对被申请人作出的具体行政行为进行审查，提出意见，经行政复议机关的负责人同意或者集体讨论通过后，按照下列规定作出行政复议决定：

（1）具体行政行为认定事实清楚，证据确凿，适用依据正确，程序合法，内容适当的，决定维持。

（2）被申请人不履行法定职责的，决定其在一定期限内履行。

（3）具体行政行为有下列情形之一的，决定撤销、变更或者确认该具体行政行为违法；决定撤销或者确认该具体行政行为违法的，可以责令被申请人在一定期限内重新作出具体行政行为：

1）主要事实不清、证据不足的；

2）适用依据错误的；

3）违反法定程序的；

4）超越或者滥用职权的；

5）具体行政行为明显不当的。

（4）被申请人不按照《行政复议法》第二十三条的规定提出书面答复、提交当初作出具体行政行为的证据、依据和其他有关材料的，视为该具体行政行为没有证据、依据，决定撤销该具体行政行为。

行政复议机关责令被申请人重新作出具体行政行为的，被申请人不得以同一的事实和理由作出与原具体行政行为相同或者基本相同的具体行政行为。

表2-6　行政复议结果

支持被申请人	维持决定	具体行政行为认定事实清楚，证据确凿，适用依据正确，程序合法，内容适当的，决定维持
	驳回复议申请	1、申请人认为行政机关不履行法定职责申请行政复议，行政复议机关受理后发现该行政机关没有相应法定职责或者在受理前已经履行法定职责的
		2. 受理行政复议申请后，发现该行政复议申请不符合《行政复议法》和本条例规定的受理条件的

支持被申请人	驳回复议申请	监督：上级行政机关认为行政复议机关驳回行政复议申请的理由不成立的，应当责令其恢复审理
支持申请人	撤销、确认决定	具体行政行为有下列情形之一的，决定撤销、变更或者确认该具体行政行为违法；决定撤销或者确认该具体行政行为违法的，可以责令被申请人在一定期限内重新作出具体行政行为： 1. 主要事实不清、证据不足的； 2. 适用依据错误的； 3. 违反法定程序的； 4. 超越或者滥用职权的； 5. 具体行政行为明显不当的。 被申请人未提出书面答复、提交当初作出具体行政行为的证据、依据和其他有关材料的，视为该具体行政行为没有证据、依据，决定撤销该具体行政行为
	履行决定	被申请人不履行法定职责的，决定其在一定期限内履行
	变更决定	1. 认定事实清楚，证据确凿，程序合法，但是明显不当或者适用依据错误的； 2. 认定事实不清，证据不足，但是经行政复议机关审理查明事实清楚，证据确凿的； 3. 上诉不加刑：行政复议机关在申请人的行政复议请求范围内，不得作出对申请人更为不利的行政复议决定

表 2-7　行政复议相关文书

名称	制作主体	内容	对象	效力
复议意见书	行政复议机关	行政复议期间行政复议机关发现被申请人或者其他下级行政机关的相关行政行为违法或需要做好善后工作	被申请人或者其他下级行政机关	有关机关应当自收到行政复议意见书之日起 60 日内将纠正相关行政违法行为或者做好善后工作的情况通报行政复议机构
复议建议书	行政复议机构	发现法律、法规、规章实施中带有普遍性的问题，向有关机关提出完善制度和改进行政执法的建议	有关机关	提出建议，无强制力
备案制度	下级行政复议机关应当及时将重大行政复议决定报上级行政复议机关备案			

141

13．行政复议的送达问题

《行政复议法》第四十条规定，行政复议期间的计算和行政复议文书的送达，依照民事诉讼法关于期间、送达的规定执行。关于行政复议期间有关"五日""七日"的规定是指工作日，不含节假日。

表 2-8　行政复议送达

行政复议决定书一经送达，即发生法律效力	
被申请人不履行义务	被申请人不履行或者无正当理由拖延履行行政复议决定的,行政复议机关或者有关上级行政机关应当责令其限期履行
申请人不履行义务	维持具体行政行为的行政复议决定,由作出具体行政行为的行政机关依法强制执行,或者申请人民法院强制执行
	变更具体行政行为的行政复议决定,由行政复议机关依法强制执行,或者申请人民法院强制执行

14．行政复议与行政诉讼的关系如何？

行政诉讼和行政复议，其对象都是行政争议，它们的共同目标都是对行政行为的合法性进行审查并解决行政争议。两者的根本区别在于纷争解决的机关不同以及依据的程序不同。

在行政复议与行政诉讼的关系方面，我国采取的是一种"原告选择为原则，复议前置为例外"的模式。也就是说，除非法律法规作出特别规定，行政复议并非提起行政诉讼之前的必经程序。而在原告选择方面，既可以选择先申请复议，再提起诉讼，也可以选择不申请复议，直接提起诉讼。如果同时选择了复议和诉讼，则应复议在先、诉讼在后，而不能在诉讼之后再申请复议，更不能复议和诉讼两种程序同时进行。

【法条链接】

《行政复议法》（2017 修正）

第十六条　公民、法人或者其他组织申请行政复议，行政复议机关已经依法受理的，或者法律、法规规定应当先向行政复议机关申请行政复议、对行政复议决定不服再向人民法院提起行政诉讼的，在法定行政复议期限内不得向人民法院提起行政诉讼。

公民、法人或者其他组织向人民法院提起行政诉讼，人民法院已经依法受理的，不得申请行政复议。

《行政诉讼法》（2017 修正）

第四十四条　对属于人民法院受案范围的行政案件，公民、法人或者其他组织可以先向行政机关申请复议，对复议决定不服的，再向人民法院提起诉讼；也可以直接向人民法院提起诉讼。

法律、法规规定应当先向行政机关申请复议，对复议决定不服再向人民法院提起诉讼的，依照法律、法规的规定。

八、行政诉讼

1．什么是行政诉讼

行政诉讼，是指公民、法人或者其他组织认为行政机关和行政机关工作人员作出的行政行为侵犯其合法权益而向人民法院提起的诉讼。

2．环境行政诉讼的受案范围是什么？

行政诉讼的受案范围是受到行政权侵犯的公民权利受司法保护的范围。《行政诉讼法》（2017 修正）第十二条通过列举的方式，规定了行政诉讼受案范围，具体包括：

（1）对行政拘留、暂扣或者吊销许可证和执照、责令停产停业、没收违法所得、没收非法财物、罚款、警告等行政处罚不服的；

（2）对限制人身自由或者对财产的查封、扣押、冻结等行政强制措施和行政强制执行不服的；

（3）申请行政许可，行政机关拒绝或者在法定期限内不予答复，或者对行政机关作出的有关行政许可的其他决定不服的；

（4）对行政机关作出的关于确认土地、矿藏、水流、森林、山岭、草原、荒地、滩涂、海域等自然资源的所有权或者使用权的决定不服的；

（5）对征收、征用决定及其补偿决定不服的；

（6）申请行政机关履行保护人身权、财产权等合法权益的法定职责，行政机关拒绝履行或者不予答复的；

（7）认为行政机关侵犯其经营自主权或者农村土地承包经营权、农村土地经营权的；

（8）认为行政机关滥用行政权力排除或者限制竞争的；

（9）认为行政机关违法集资、摊派费用或者违法要求履行其他义务的；

（10）认为行政机关没有依法支付抚恤金、最低生活保障待遇或者社会保险待遇的；

（11）认为行政机关不依法履行、未按照约定履行或者违法变更、解除政府特许经营协议、土地房屋征收补偿协议等协议的；

（12）认为行政机关侵犯其他人身权、财产权等合法权益的。

除前款规定外，人民法院受理法律、法规规定可以提起诉讼的其他行政案件。

此外，《行政诉讼法》（2017 修正）第十三条规定了行政诉讼受案范围的排除。

根据该条规定，人民法院不受理公民、法人或者其他组织对下列事项提起的诉讼：

（1）国防、外交等国家行为；

（2）行政法规、规章或者行政机关制定、发布的具有普遍约束力的决定、命令；

（3）行政机关对行政机关工作人员的奖惩、任免等决定；

（4）法律规定由行政机关最终裁决的行政行为。

3．环境行政诉讼的参加人有哪些？

环境行政诉讼的参加人是指依法参加行政诉讼活动，享有诉讼权利、承担诉讼义务的当事人和与当事人诉讼地位相似的诉讼代理人，包括原告、被告、共同诉讼人、第三人和诉讼代理人。

表 2-9 环境行政诉讼的参加人

参加人	当事人	原告	概念	行政相对人+行政相关人，承担初步证明责任
			确认	（1）受害人
				（2）相邻权人
				（3）公平竞争权人
				（4）投诉人
				（5）债权人（仅限行政机关作出行政行为时依法应予保护或者应予考虑的）
				（6）合伙组织：合伙企业/个人合伙
				（7）联营、合资、合作方
				（8）股份制企业内部机构（股东会、股东大会、董事会）——以企业名义
				（9）非营利法人
				（10）涉业主共有利益：业主委员会、专有部分占建筑物总面积过半数或者占总户数过半数的业主（业主委员会不起诉的前提下）
				（11）农村土地使用权人
				（12）检察院
			资格转移	公民死亡——→近亲属
				组织终止——→继承权利的组织+原组织

参加人	当事人	被告	（1）经复议的案件： a. 维持——→复议机关+原行为机关 b. 改变——→复议机关 c. 不作为： 原行为——→原行为机关 不作为——→复议机关 （2）被委托组织——→委托机关 （3）上级机关批准下级机关决定——→署名机关 （4）派出机构： 超出法定授权范围——→机构 超出委托范围——→机关 （5）几个机关——→共同被告 （6）内部机构——→行政机关 （7）不作为——→有作为义务的机关 （8）行政机关被撤销——→继承权力的机关+其所属的人民政府/上一级行政机关（实行垂直领导的）	
		第三人	（1）途径：当事人申请参加+法院通知参加 （2）享有当事人的诉讼地位。法院判决第三人承担义务或者减损第三人权益的，第三人有权上诉	
		共同诉讼人	必要共同诉讼人	
			普通共同诉讼人	
			集团诉讼	原告：10人以上 诉讼代表人：2～5人
	诉讼代理人：法定代理人、指定代理人、委托代理人			

4．环境行政诉讼的证据规定如何？

环境行政诉讼作为一种行政诉讼，其相关证据规定主要涉及以下内容：

（1）环境行政诉讼的证据包括书证、物证、视听资料、电子数据、证人证言、当事人的陈述、鉴定意见、勘验笔录、现场笔录。以上证据经法庭审查属实，才能作为认定案件事实的根据。

（2）环境行政诉讼中证明作出的行政行为合法的举证责任应当由被告承担。《行政诉讼法》（2017 修正）第三十四条规定："被告对作出的行政行为负有举证责任，应当提供作出该行政行为的证据和所依据的规范性文件。被告不提供或者无正当理由逾期提供证据，视为没有相应证据。但是，被诉行政行为涉及第三人合法权益，第三人提供证据的除外。"

（3）法庭审理过程中，当事人应当围绕证据的关联性、合法性和真实性，针对证据有无证明效力以及证明效力大小，进行质证。

5．环境行政诉讼的起诉和受理规定如何？

表2-10　环境行政诉讼的起诉和受理

起诉	条件	1. 提起诉讼的是《行政诉讼法》上适格的原告（谁来告）； 2. 有明确的被告（来告谁）； 3. 有具体的诉讼请求和事实根据（告什么）； 4. 属于人民法院受案范围和受诉人民法院管辖（到哪告）
	期限	公民、法人或者其他组织直接向人民法院提起诉讼的，应当自知道或者应当知道作出行政行为之日起 6 个月内提出。法律另有规定的除外
		公民、法人或者其他组织不服复议决定的，可以在收到复议决定书之日起 15 日内向人民法院提起诉讼。复议机关逾期不作决定的，申请人可以在复议期满之日起 15 日内向人民法院提起诉讼。法律另有规定的除外
	方式	起诉应当向人民法院递交起诉状，并按照被告人数提出副本。书写起诉状确有困难的，可以口头起诉，由人民法院记入笔录，出具注明日期的书面凭证，并告知对方当事人
受理	立案登记制	对符合法律规定的起诉，一律接收诉状，当场登记立案。 立案登记制是指法院接到的当事人递交的起诉书时，只对起诉书进行形式审查，不作实体审查，只要起诉书符合法定起诉条件，即予以登记立案
	起诉审查	对起诉条件的审查：能够判断符合起诉条件的，应当当场登记立案
		不予立案：不符合起诉条件的，作出不予立案的裁定。裁定书应当载明不予立案的理由。原告对裁定不服的，可以提起上诉
		书面凭证：对当场不能判定是否符合起诉条件的，应当接收起诉状，出具注明收到日期的书面凭证，并在 7 日内决定是否立案
		先予立案：7 日内仍不能作出判断的，应当先予立案

	起诉审查	指导释明	起诉状内容欠缺或者有其他错误的，应当给予指导和释明，并一次性告知当事人需要补正的内容。不得未经指导和释明即以起诉不符合条件为由不接收起诉状
受理	起诉人的救济途径	投诉	对于不接收起诉状、接收起诉状后不出具书面凭证，以及不一次性告知当事人需要补正的起诉状内容的，当事人可以向上级人民法院投诉，上级人民法院应当责令改正，并对直接负责的主管人员和其他直接责任人员依法给予处分
		飞跃起诉	人民法院既不立案，又不作出不予立案裁定的，当事人可以向上一级人民法院起诉。上一级人民法院认为符合起诉条件的，应当立案、审理，也可以指定其他下级人民法院立案、审理

6. 行政诉讼审判程序如何？

表 2-11　环境行政诉讼的程序

	组成合议庭	人民法院审理行政案件，由审判员组成合议庭，或者由审判员、陪审员组成合议庭。合议庭的成员人数，应当是 3 人以上的单数
	交换诉状	
一审程序	庭审方式	行政诉讼一审程序必须激进型开庭审理。开庭审理应遵循以下原则： 1. 必须采取言词审理的方式； 2. 以公开审理为原则，不公开审理为例外。 法定不公开：涉及国家秘密、个人隐私和法律另有规定的； 申请不公开：涉及商业秘密的案件，当事人申请不公开审理的，可以不公开审理
	审理期限	人民法院应当在立案之日起 6 个月内作出第一审判决。有特殊情况需要延长的，由高级人民法院批准，高级人民法院审理第一审案件需要延长的，由最高人民法院批准
	公开宣判	人民法院对公开审理和不公开审理的案件，一律公开宣告判决。当庭宣判的，应当在 10 日内发送判决书；定期宣判的，宣判后立即发给判决书。宣告判决时，必须告知当事人上诉权利、上诉期限和上诉的人民法院

简易程序	何时简	法定简	1. 被诉行政行为是依法当场作出的； 2. 案件涉及款额 2 000 元以下的； 3. 属于政府信息公开案件的
		意定简	第一审行政案件，当事人各方同意适用简易程序的，可以适用简易程序
		不得简	发回重审、按照审判监督程序再审的案件不适用简易程序
	如何简		适用简易程序审理的行政案件，由审判员一人独任审理，并应当在立案之日起 45 日内审结
	可进退		人民法院在审理过程中，发现案件不宜适用简易程序的，裁定转为普通程序
二审程序			人民法院对上诉案件，应当组成合议庭，开庭审理。经过阅卷、调查和询问当事人，对没有提出新的事实、证据或者理由，合议庭认为不需要开庭审理的，也可以不开庭审理
			人民法院审理上诉案件，应当对原审人民法院的判决、裁定和被诉行政行为进行全面审查
审判监督程序			当事人对已经发生法律效力的判决、裁定申请再审（应当在判决、裁定或者调解书发生法律效力后 6 个月内提出）
			法院可以启动再审
			检察院可以通过抗诉或者检查建议引起再审

7. 行政诉讼起诉期限如何确定？

（1）起诉期限的一般规定

根据《行政诉讼法》（2017 修正）第四十六条的规定，公民、法人或者其他组织直接向人民法院提起诉讼的，应当自知道或者应当知道作出行政行为之日起 6 个月内提出。法律另有规定的除外。

因不动产提起诉讼的案件自行政行为作出之日起超过 20 年，其他案件自行政行为作出之日起超过 5 年提起诉讼的，人民法院不予受理。

（2）经行政复议的起诉期限

根据《行政诉讼法》（2017 修正）第四十五条的规定，公民、法人或者其他组织不服复议决定的，可以在收到复议决定书之日起 15 日内向人民法院提起诉讼。复议机关逾期不作决定的，申请人可以在复议期满之日起 15 日内向人民法院提起诉讼。法律另有规定的除外。

（3）行政机关不履行法定职责的起诉期限

根据《行政诉讼法》（2017 修正）第四十七条的规定，公民、法人或者其他组织申请行政机关履行保护其人身权、财产权等合法权益的法定职责，行政机关在接到申请之日起 2 个月内不履行的，公民、法人或者其他组织可以向人民法院提起诉讼。法律、法规对行政机关履行职责的期限另有规定的，从其规定。

公民、法人或者其他组织在紧急情况下请求行政机关履行保护其人身权、财产权等合法权益的法定职责，行政机关不履行的，提起诉讼不受前款规定期限的限制。

根据《最高人民法院关于适用〈中华人民共和国行政诉讼法〉的解释》（法释〔2018〕1 号）第六十六条的规定，公民、法人或者其他组织依照行政诉讼法第四十七条第一款的规定，对行政机关不履行法定职责提起诉讼的，应当在行政机关履行法定职责期限届满之日起 6 个月内提出。

（4）未告知公民、法人或者其他组织起诉期限的

根据《最高人民法院关于适用〈中华人民共和国行政诉讼法〉的解释》（法释〔2018〕1 号）第六十四条的规定，行政机关作出行政行为时，未告知公民、法人或者其他组织起诉期限的，起诉期限从公民、法人或者其他组织知道或者应当知道起诉期限之日起计算，但从知道或者应当知道行政行为内容之日起最长不得超过一年。复议决定未告知公民、法人或者其他组织起诉期限的，适用前款规定。

（5）公民、法人或者其他组织不知道行政机关作出的行政行为内容的

根据《最高人民法院关于适用〈中华人民共和国行政诉讼法〉的解释》（法释〔2018〕1 号）第六十五条的规定，公民、法人或者其他组织不知道行政机关作出的行政行为内容的，其起诉期限从知道或者应当知道该行政行为内容之日起计算，但最长不得超过《行政诉讼法》第四十六条第二款规定的起诉期限。

（6）起诉期限的扣除和延长

根据《行政诉讼法》（2017 修正）第四十八条的规定，公民、法人或者其他组织因不可抗力或者其他不属于其自身的原因耽误起诉期限的，被耽误的时间不计算在起诉期限内。

公民、法人或者其他组织因前款规定以外的其他特殊情况耽误起诉期限的，在障碍消除后 10 日内，可以申请延长期限，是否准许由人民法院决定。

九、其他

1. 电磁辐射环境污染是否涉及侵权责任？

根据《环境保护法》第六十四条规定："因污染环境和破坏生态造成损害的，应当依照《中华人民共和国侵权责任法》的有关规定承担侵权责任。"在我国，因污染环境造成损害的，污染者应当承担侵权责任，环境侵权作为特殊侵权领域，适用无过错责任原则。《中华人民共和国侵权责任法》第六十六条规定："因污染环境发生纠纷，污染者应当就法律规定的不承担责任或者减轻责任的情形及其行为与损害之间不存在因果关系承担举证责任。"

承担侵权责任方式：停止侵害、排除妨碍、消除危险、恢复原状、赔偿损失、赔礼道歉等。

2. 因侵权接受环境行政处罚后，可否免除当事人的民事责任、刑事责任？

因造成电磁辐射环境污染受到环境行政处罚的，并不因此免除当事人的民事责任和刑事责任。

《行政处罚法》第七条规定："公民、法人或者其他组织因违法受到行政处罚，其违法行为对他人造成损害的，应当依法承担民事责任。违法行为构成犯罪，应当依法追究刑事责任，不得以行政处罚代替刑事处罚。"

3. 通信基站电磁环境监测制度规定如何？

国家环保总局和信息产业部于 2007 年联合制定了《移动通信基站电磁辐射环境监测方法》。该方法适用于超过豁免水平、工作频率范围在 110～40 000 MHz 内移动通信基站的电磁环境监测。2017 年 12 月 20 日，环境保护部办公厅发布了《关于印发〈通信基站环境保护工作备忘录〉的通知》（环办辐射函〔2017〕1990号），第七条规定："对于在铁塔公司的站址上架设天线的通信基站，原则上由铁塔公司统一按站址及时在网站上公开电磁辐射环境监测信息，各运营商子以积极配合。其他通信基站由其运营商按上述要求分别负责开展信息公开工作"。

同时，社会环境监测机构在有关环境服务活动中不得弄虚作假。《环境保护部关于推进环境监测服务社会化的指导意见》（环发〔2015〕20 号）第五条规定："社会环境监测机构在有关环境服务活动中弄虚作假，对造成的环境污染和生态破坏负有责任的，除依照有关法律法规规定予以处罚外，还应当与造成环境污染和生态破坏的其他责任者承担连带责任。对不符合监测规范、监测结果有误的，给予通报批评，限期整改；对于存在弄虚作假行为的或篡改伪造监测数据的，依法予以处罚，并列入黑名单，抄送质量技术监督主管部门；构成犯罪的，依法追究刑事责任。"

电磁辐射法律法规与标准

常用电磁辐射环境法律法规目录

1. 《中华人民共和国环境保护法》（2014 修订）

2. 《中华人民共和国环境影响评价法》（2018 修正）

3. 《中华人民共和国噪声污染防治法》（2018 修正）

4. 《中华人民共和国行政许可法》

5. 《中华人民共和国行政复议法》（2017 修正）

6. 《中华人民共和国行政诉讼法》（2017 修正）

7. 《中华人民共和国突发事件应对法》

8. 《中华人民共和国行政复议法实施条例》

9. 《中华人民共和国政府信息公开条例》

10. 《中华人民共和国信访条例》

11. 《建设项目环境保护管理条例》（2017 修订）

12. 《最高人民法院关于审理政府信息公开行政案件若干问题的规定》（法释〔2011〕17 号）

13. 《最高人民法院关于审理行政许可案件若干问题的规定》（法释〔2009〕20 号）

14. 《关于修改〈建设项目环境影响评价分类管理名录〉部分内容的决定》（生态环境部令　第 1 号）

15. 《建设项目环境影响评价文件分级审批规定》（2008 修订）（环境保护部令　第 5 号）

16. 《环境行政处罚办法》（2010 修订）（环境保护部令 第 8 号）

17. 《建设项目竣工环境保护验收管理办法》（国家环境保护总局令 第 13 号）

18. 《环境保护总局建设项目环境影响评价文件审批程序规定》（国家环境保护局令 第 29 号）

19. 《建设项目环境影响登记表备案管理办法》（环境保护部令 第 41 号）

20. 《环境影响评价公众参与办法》（生态环境部令 第 4 号）

21. 《关于印发环评管理中部分行业建设项目重大变动清单的通知》（环办〔2015〕52 号）

22. 《关于印发〈输变电建设项目重大变动清单（试行）〉的通知》（环办辐射〔2016〕84 号）

23. 《生态环境部审批环境影响评价文件的建设项目目录》（2019 年本）

24. 《关于印发〈输变电工程公众沟通工作指南（试行）〉的函》（环办函〔2015〕1745 号）

25. 《关于进一步加强环境保护信息公开工作的通知》（环办〔2012〕134 号）

26. 《关于印发〈建设项目环境影响评价信息公开机制方案〉的通知》（环发〔2015〕162 号）

27. 《关于界定〈电磁辐射环境保护管理办法〉中"大型电磁辐射发射设施"的复函》（环办函〔2008〕664 号）

28. 《关于加强"未批先建"建设项目环境影响评价管理工作的通知》（环办环评〔2018〕18 号）

29. 《环境保护部关于发布〈建设项目竣工环境保护验收暂行办法〉的公告》（国环规环评〔2017〕4 号）

30. 《建设项目环境影响后评价管理办法（试行）》（环境保护部令 第 37 号）

31. 《国家环境保护总局关于电磁辐射建设项目环境监督管理有关问题的复函》（环函〔2001〕17 号）

32. 《规范环境行政处罚自由裁量权若干意见》（环发〔2009〕24 号）

33. 《关于进一步规范适用环境行政处罚自由裁量权的指导意见》（环执法〔2019〕42 号）

其他参考法律法规

1. 《中华人民共和国无线电管理条例》（2016 修订）
2. 《中华人民共和国无线电管制规定》
3. 《广播电视管理条例》（2017 修订）
4. 《广播电视设施保护条例》（2000）
5. 《电力设施保护条例》（2011 修订）

常用辐射环境标准和方法目录

1. 《环境影响评价技术导则　总纲》（HJ 2.1—2016）
2. 《建设项目环境影响评价技术导则　总纲》（HJ 2.1—2016 代替 HJ 2.1—2011）
3. 《环境影响评价技术导则　声环境》（HJ 2.4—2009）
4. 《环境影响评价技术导则　生态影响》（HJ 19—2011）
5. 《环境影响评价技术导则　地表水环境》（HJ 2.3—2018）
6. 《环境影响评价技术导则　输变电工程》（HJ 24—2014）
7. 《环境噪声与振动控制工程技术导则》（HJ 2034—2013）
8. 《固体废物处理处置工程技术导则》（HJ 2035—2013）
9. 《建设项目环境风险评价技术导则》（HJ/T 169—2004）
10. 《辐射环境保护管理导则　电磁辐射监测仪器和方法》（HJ 10.2—1996）
11. 《辐射环境保护管理导则　电磁辐射环境影响评价方法与标准》（HJ/T 10.3—1996）
12. 《声环境质量标准》（GB 3096—2008）
13. 《工业企业厂界环境噪声排放标准》（GB 12348—2008）

14. 《建筑施工场界环境噪声排放标准》（GB 12523—2011）

15. 《电磁环境控制限值》（GB 8702—2014 代替 GB 8702—88、GB 9175—88）

16. 《高压架空送电线、变电站无线电干扰测量方法》（GB/T 7349—2002）

17. 《高压交流架空送电线路、变电站工频电场和磁场测量方法》（DL/T 988 —2005）

18. 《交流输变电工程电磁环境监测方法（试行）》（HJ 681—2013）

19. 《直流换流站与线路合成场强、离子流密度测量方法》（DL/T 1089—2008）

20. 《高压直流架空送电线路、换流站直流磁场测量方法》（CEMDCH 001—2010）

21. 《高压架空输电线路可听噪声测量方法》（DL/T 501—2017 代替 DL/T 501 —1992）

22. 《高压交流架空送电线无线电干扰限值》（GB 15707—1995）

23. 《建设项目竣工环境保护验收技术指南　污染影响类》

24. 《建设项目竣工环境保护验收技术规范　生态影响类》（HJ/T 394—2007）

25. 《建设项目竣工环境保护验收技术规范　输变电工程》（HJ 705—2014）

26. 《移动通信基站电磁辐射环境监测方法》（HJ 972—2018）